Mario Wenzel
Zur Einbindung und Regelung einer Expander-Kompressor-Einheit in Anlagen der Gewerbekälte

TUDpress

Mario Wenzel

Zur Einbindung und Regelung einer Expander-Kompressor-Einheit in Anlagen der Gewerbekälte

TUDpress
2014

Die vorliegende Arbeit wurde am 21. November 2013 an der Fakultät Maschinenwesen der Technischen Universität Dresden als Dissertation eingereicht und am 27. Juni 2014 verteidigt.

Vorsitzender der Promotionskommission:
Prof. Dr. rer. nat. habil. C. Breitkopf

Gutachter:
Prof. Dr.-Ing. U. Hesse
Prof. Dr.-Ing. T. Maurer

Bibliografische Information der Deutschen Nationalbibliothek
Die Deutsche Nationalbibliothek verzeichnet diese Publikation in der Deutschen Nationalbibliografie; detaillierte bibliografische Daten sind im Internet über http://dnb.d-nb.de abrufbar.

Bibliographic information published by the Deutsche Nationalbibliothek
The Deutsche Nationalbibliothek lists this publication in the Deutsche Nationalbibliografie; detailed bibliographic data are available in the Internet at http://dnb.d-nb.de.

ISBN 978-3-944331-84-3

Verlag der Wissenschaften GmbH
Bergstr. 70 | D-01069 Dresden
Tel.: 0351/47 96 97 20 | Fax: 0351/47 96 08 19
http://www.tudpress.de

Gesetzt vom Autor.
Printed in Germany.

Zur Einbindung und Regelung einer Expander-Kompressor-Einheit in Anlagen der Gewerbekälte

Der Fakultät Maschinenwesen

der

Technischen Universität Dresden

zur

Erlangung des akademischen Grades

Doktoringenieur (Dr.-Ing.)

angenommene Dissertation

akad. Grad.:	Dipl.-Ing. (FH)	Wenzel, Mario
geb. am:	31. Mai 1976	in: Schmalkalden

Tag der Einreichung:	21.11.2013
Tag der Verteidigung:	27.06.2014
Gutachter:	Prof. Dr.-Ing. U. Hesse
	Prof. Dr.-Ing. T. Maurer
Vorsitzende der Promotionskommission:	Prof. Dr.rer.nat.habil. C. Breitkopf

"You are never too old to set another goal or to dream a new dream."
C. S. Lewis

Für meine Eltern
Ulrike und Karl Wenzel

Danksagung

Die vorliegende Arbeit entstand während meiner Tätigkeit an der Technischen Universität Dresden. Mein besonderer Dank gilt den nachfolgend genannten Personen.

Herrn Professor Dr.sc.techn. Hans Quack danke ich für die Möglichkeit, an der Professur für Kälte- und Kryotechnik auf dem interessanten Gebiet der Kältetechnik die vorliegende Arbeit zu beginnen, sowie für die fachliche Unterstützung.

Ich danke Herrn Professor Dr.-Ing. Ullrich Hesse, welcher nach der Übernahme der Leitung der Bitzer-Stiftungsprofessur für Kälte-, Kryo- und Kompressorentechnik zu meinem neuen Doktorvater wurde, für die Übernahme der Betreuung und die stets gewährte Unterstützung, welche zum Gelingen der Arbeit beigetragen hat. Ebenfalls möchte ich mich für die Möglichkeit bedanken, über das Thema der vorliegenden Arbeit hinaus verschiedene weitere Forschungsprojekte im Bereich der Kältetechnik eigenständig bearbeiten zu dürfen.

Herrn Professor Dr.-Ing. Thomas Maurer danke ich für die Übernahme des Zweitgutachtens, die kritische Durchsicht, die fachlichen Ratschläge sowie die unzähligen Anregungen zur Erstellung einer würdigen Arbeit.

Herrn Dr. rer. nat. et Ing. habil. Christoph Haberstroh für sämtliche Hilfe insbesondere während der kommissarischen Leitung der Professur, ohne die manche experimentelle Untersuchung nicht möglich gewesen wäre.

Herrn Dr.-Ing. Jörg Nickl für die offene Tür in der letzten Phase der Entstehung dieser Arbeit und für die fachliche Unterstützung in beiden Projekten mit einer Expander-Kompressor-Einheit.

Das Projekt in einem Schweizer Cash- und Carry Markt wurde vom Schweizer Bundesamt für Energie gefördert und wäre ohne das technische Interesse und Engagement der transGourmet Schweiz AG sowie der Frigo-Consultig AG nicht möglich gewesen. Herrn Raphael Gerber und Herrn Jonas Schönenberger gilt mein besonderer Dank.

Ebenfalls möchte ich mich bei der AiF Projekt GmbH für die Förderung des Projektes zur Integration einer Expander-Kompressor-Einheit in eine Boosteranlage bedanken. Dieses Projekt wurde vom Bundesumweltministerium mit dem zweiten Platz beim 3. Deutschen Kältepreis im Bereich „Klimafreundliche kältetechnische Anwendung“ ausgezeichnet. Es wurde in Zusammenarbeit mit der kke GmbH durchgeführt und wäre ohne die Begeisterung in dieser Firma für die neue Technik nicht möglich gewesen. Hierbei gilt mein besonderer Dank Herrn Ralf Bartzsch für das Interesse und die fachlichen Gespräche auch nach Feierabend.

Herrn Dr.-Ing. Stephan Lehr für die unvergessliche Zeit beim Studium, der gemeinsamen Zeit an der TU Dresden, den privaten und fachlichen Gesprächen.

Ich danke meinen Kollegen an der Professur für eine angenehme Atmosphäre während der Arbeit und nicht zuletzt nach Dienstschluss.

Mein Dank gilt ebenfalls den Mitarbeitern des Labor- und Versuchsfeldes Mollier-Bau.

Doch das alles wäre nichts ohne die Unterstützung meiner Eltern. Ich hatte das Privileg, eine glückliche Kindheit genießen zu dürfen, und danke meinen Eltern für ihre Unterstützung bei meiner Ausbildung, dem folgenden zweiten Bildungsweg und dafür, ihr Sohn sein zu dürfen.

Kurzfassung

Der natürliche Stoff Kohlenstoffdioxid wird aufgrund seiner guten ökologischen Eigenschaften verstärkt in Kaltdampf-Kompressionskälteanlagen eingesetzt, obwohl bei der Verwendung energetische Nachteile im Vergleich mit den derzeit verwendeten Kältemitteln entstehen können. Aus diesem Grund wird die energetische Verbesserung von CO_2-Kälteanlagen weltweit diskutiert und in Forschungsvorhaben untersucht. Eine Möglichkeit zur Effizienzsteigerung ist der Einsatz einer arbeitsleistenden Entspannung.

Eine Literaturrecherche bezüglich verschiedener Entwicklungen auf dem Gebiet der arbeitsleistenden Entspannung und der Einbindung einer solchen Maschine in die Kälteanlage sowie deren Regelung zeigt, dass die überwiegende Anzahl an Forschungsvorhaben sich nicht bzw. unzureichend mit der Regelung und den beiden möglichen Betriebszuständen, sub- und transkritisch, beschäftigen.

Zur Steigerung der Energieeffizienz behandelt die vorliegende Arbeit die Integration und Entwicklung einer Regelstrategie zum Einsatz einer kombinierten Expander-Kompressor-Einheit (ECU) in Anlagen der Gewerbekälte. Es wird erläutert, welche Komponenten und Anpassungen an die Prozessführung zur Integration nötig sind. Bei den vorgestellten Kältemaschinen handelt es sich um Systeme mit mehreren parallel verschalteten Verdichtern. Beide Anlagen können sub- und transkritisch betrieben werden, besitzen einen Mitteldruckabscheider und unterscheiden sich primär in der Prozessschaltung. In der sogenannten Feldtestanlage, die auch zur Untersuchung der Dauerlaufeigenschaften genutzt wird, wird Kälte auf einem Verdampfungstemperaturniveau von - 10 °C bereitgestellt. In dieser Anlage konnte bis zur ersten Revision der Maschine eine Betriebszeit von 2500 Stunden erreicht werden. In einer Versuchs- und Demonstrationsanlage kann Kälte auf zwei unterschiedlichen Niveaus (- 10 °C und - 35 °C) in einer Booster-Verbundkälteanlage bereitgestellt werden.

Für beide Anlagen wurden die zur Integration notwendigen Komponenten bestimmt und eine Regelstrategie entworfen, um die Kälteanlagen mit ECU an unterschiedliche Prozessbedingungen anzupassen. Hierzu wurden verschiedene Wirkungspläne und ein Programmablaufplan erstellt, welche erfolgreich angewandt werden konnten. Die Strategie zur Regelung konnte erfolgreich unter unterschiedlichen Prozessbedingungen experimentell getestet und untersucht werden. Es wurde gezeigt, dass das Ersetzen des Hochdruckregelventils und des Mitteldruckregelventils durch eine arbeitsleistende Entspannung möglich ist.

Zur Vorausberechnung unterschiedlicher Prozesspunkte ist ein Berechnungsprogramm erstellt worden. Für die verwendete Expander-Kompressor-Einheit wurden der Verlauf des optimalen Hochdrucks im transkritischen Betrieb und der Verlauf des Drucks im Abscheider numerisch ermittelt. Die Untersuchung des Einflusses des Schiebermassenstroms zur Steuerung der Ein- und Auslässe der ersten und zweiten Entspannungsstufe auf die Überhitzung des Kältemittels am Verdichterverbund in Kombination mit verschiedenen Schaltungen von inneren Wärmeübertragern ist numerisch und experimentell durchgeführt worden. Die berechneten Werte für die Überhitzung konnten durch Messwerte nahezu reproduziert werden und bestätigen die Notwendigkeit eines inneren Wärmeübertragers bei der hier vorgestellten Konstruktion der Expander-Kompressor-Einheit. Ein Vergleich von experimenteller und rechnerischer Bestimmung zeigt, dass eine gute Übereinstimmung mit dem Experiment erzielt werden kann, dennoch gibt es Modellunzulänglichkeiten wie zum Beispiel bei dem Dichtheitsfaktors des Ausnutzungsgrades, die zu Abweichungen zwischen Berechnung und Experiment führen.

Inhaltsverzeichnis

Symbol- und Abkürzungsverzeichnis

Lateinische Symbole

$\dot{m}$	Massenstrom	kg/s
$\dot{E}_x$	Exergiestrom	W
$\dot{Q}$	Wärmestrom	W
$\dot{V}$	Volumenstrom	m^3/s
C	Kompressor	
c	Geschwindigkeit	m/s
d	Durchmesser	m
E_x	Exergie	J
E_{Jahr}	Energiebedarf bezogen auf ein Jahr	kWh/a
f	Frequenz	1/s
g	Erdbeschleunigung	m/s^2
h	spezifische Enthalpie	J/kg
K_P	Proportionalbeiwert einer physikalischen Größe	%/Einheit
L	Leckagerate bezogen auf ein Jahr	kg/a
l	charakteristische Länge bzw. Länge	m
m	Masse bzw. Füllgewicht	kg
m	mittlerer Fehler einer physikalischen Größe	Einheit der Größe
n	Betriebszeit der Anlage	a
n	Polytropenexponent	1
P	Leistung	W
p	Druck	Pa
q_0	massenstrombezogene Kälteleistung	J/kg
r	relativer Fehler	1

Re	Reynolds-Zahl; $Re = \frac{c\,l}{\nu}$	1
s	Hub	m
s	spezifische Entropie	J/(kg K)
T	Thermodynamische Temperatur	K
t	Celsius-Temperatur	°C
T_n	Nachstellzeit	s
V	Volumen	m^3
v	spezifisches Volumen	m^3/kg
w	spezifische Arbeit	J/kg
x	Dampfgehalt	kg/kg
X_P	Proportionalbereich einer physikalischen Größe	Einheit der Größe
y	Stellgröße	%
Z	Realgasfaktor	1

Griechische Symbole

α_{rec}	Recyclingfaktor	1
β	CO_2 Emission	kg/(kWh)
χ	Massenstromanteil	1
$\Delta\eta_{ex}$	Einsparung des ECU-Prozesses im Vergleich zum EXV-Prozess bezogen auf den exergetischen Wirkungsgrad	%
Δ	Differenz	
$\Delta\varepsilon_{\mathrm{KM}}$	Einsparung des ECU-Prozesses im Vergleich zum EXV-Prozess bezogen auf die Leistungszahl der Kältemaschine	%
η	Wirkungs- bzw. Gütegrad	1
η	dynamische Viskosität	kg/(m s)
η_C	Carnot-Faktor	1
η_{P}	Druckfaktor	1
η_{ex}	exergetischer Wirkungsgrad	1
λ	Liefergrad	m^3/m^3
λ_{Di}	Dichtheitsfaktor	1

λ_{P}	Druckfaktor	1
λ_{Rei}	Reibungsbeiwert	1
λ_{R}	Rückexpansionsfaktor	1
λ_{Temp}	Temperaturfaktor	1
ν	kinematische Viskosität	$\mathrm{m^2/s}$
Π	Druckverhältnis; $\Pi = \frac{p_a}{p_e}$	1
ψ	Kolbenstangenverhältnis	1
τ	Zeit	s
ε_0	Schadraumverhältnis	1
ε_C	Leistungszahl[1] des (linksläufigen) Carnot-Prozesses	1
$\varepsilon_{\mathrm{KM}}$	Leistungszahl[1] der Kältemaschine; $\varepsilon_{\mathrm{KM}} = \frac{\dot{Q}_0}{P}$	1
ϱ	Dichte	$\mathrm{kg/m^3}$
ζ	Widerstandsbeiwert	1

Hochgestellte Indizes

$'$	gesättigte Flüssigkeit
$''$	trocken gesättigter Dampf
G	Gütegrad

Tiefgestellte Indizes

f	Fehler
K	Verflüssiger bzw. Kondensation
0	Verdampfung
a	Austritt
ab	abgeführt
Bz	Bezug
C	Kompressor
C-ECU	Verdichterteil der Expander-Kompressor-Einheit

[1] Im englischen Sprachgebrauch wird die Leistungszahl auch als COP bezeichnet.

D	Druckfaktor
Di	Dichtheit
E	Expander
e	Eintritt
eff	effektiv
Exp	Entspannung
fl	flüssig
g	gasförmig
geo	geodätische Höhe
ges	gesamt
H	Hubvolumen
i	Laufvariable/Anzahl
ind	indiziert
Ko	Kolben
krit	kritischer Punkt
LV	Liquid Vapour (Sättigungszustand auf der Tau- bzw. Siedelinie)
m	mechanisch
max	maximal
min	minimal
p	Druck
R	Rückexpansion
rev	reversibel
s	isentrop
Soll	Sollwert
St	Kolbenstange
sub	subkritisch
t	technisch
Temp	Temperatur
th	theoretisch

trans	transkritisch	
U	Umgebung	
V	Verdichter	
V	Verlust	
Volld	Volldruck	
ZP	Zweiphasen	
zu	zugeführt	

Abkürzungen

ΔT_{oh}	Überhitzung	K
ΔTu	Unterkühlung	K
GWP_{100}	Global Warming Potential (Treibhauspotenzial) bezogen auf einen Zeithorizont von 100 Jahren	
v. MW	vom Messwert	
BFSL	Best Fit Straight Line (lineare Regression)	
CFC	Chlorofluorocarbon (dt.: Fluorchlorkohlenwasserstoff)	
COP	Coefficient of Performance (dt.: Leistungszahl)	
E1	erste Entspannungsstufe	
E2	zweite Entspannungsstufe	
ECU	Expander-Compressor-Unit (dt.: Expander-Kompressor-Einheit)	
Exper.	Experiment	
EXV	Entspannungsventil bzw. Prozess mit Hochdruck- und Mitteldruck-Regelventil	
FB	Funktionsbaustein (Die Abkürzung FB gefolgt von einer Nummerierung beschreibt den jeweiligen Regler.)	
FCKW	Fluorchlorkohlenwasserstoffe	
FG	Flashgas; trocken gesättigter Dampf aus dem Mitteldruckabscheider	
FS	Full Scale (gesamter Messbereich)	
FT	Frequenzteiler	
FU	Frequenzumformer	

GK	Gaskühler[2]	
HaS	Hauptschieber	
HCFC	Hydrochloroflurocarbon (H-FCKW)	
HD	Hochdruck	
HFC	Hydroflurocarbons (FKW (dt.: Fluorkohlenwasserstoffe))	
HiS	Hilfsschieber	
HKW	Halogenkohlenwasserstoffe	
IWÜ	Innerer Wärmeübertrager	
k.A.	keine Angabe	
KM	Kältemittel	
krit.	kritischer	
L-Klasse	Gruppeneinteilung der Kältemittel im Hinblick auf ihre Brennbarkeit und Giftigkeit. 1 $\rightarrow$ 3 zunehmend	
LFL	Lower Flammability Limit (dt.: untere Explosionsgrenze)	kg/m^3
MD	Mitteldruck	
MDA	Mitteldruckabscheider	
MV	Motorventil	
NK	Normalkühlung (Verdampfungstemperatur: ca. -10 °C)	
NTC	Negative Temperature Coefficient (Widerstandsthermometer mit negativen Temperaturkoeffizienten)	
ODP	Ozone Depletion Potential (dt.: Ozonabbaupotential)	
ORC	Organic Rankine Cycle (dt.: Rankine Kreislauf mit organischen Medien)	
PAP	Programmablaufplan	
SPS	Speicherprogrammierbare Steuerung	
TEWI	Total Equivalent Warming Impact (Treibhauseffekt)	kg CO_2
Theor.	Theorie	
TK	Tiefkühlung (Verdampfungstemperatur: ca. -35 °C)	
UMTS	Universal Mobile Telecommunications System (Mobilfunkstandard)	
VBA	Visual Basic for Applications (Skriptsprache)	

[2] Der Verflüssiger wird im transkritischen Prozess auch als Gaskühler bezeichnet.

Vd1...4	Verdichter 1...4
Volld	Volldruck
ZK	Zwischenkühler
überkr.	überkritische

1 Einleitung

1.1 Motivation

Der stetig steigende Bedarf an Energie durch die zunehmende Technisierung führt zu einer Verknappung der fossilen Energieträger. Da derzeit noch primär fossile Energieträger, wie Kohle und Erdöl, den Energiebedarf decken, beschäftigen sich Wissenschaftler mit dieser Problematik und versuchen zu berechnen, wie lange auf diese Energieträger zurückgegriffen werden kann. Eine der bekanntesten Publikationen zu diesem Thema ist das Buch „Huberts Peak", darin beschreibt Deffeyes (2008) die Arbeiten des Geologen K. Hubert, welcher das globale Maximum der Ölförderung vorhersagt. Weitere Arbeiten zu dieser Problematik wurden z.B. von Simmons (2005) veröffentlicht und zeigen, dass Energie effizienter genutzt werden muss.

Anlagen zur Erzeugung von Kälte zählen zu den Energieverbrauchern und sind aus diesem Grund aus ökologischen und ökonomischen Gesichtspunkten zu betrachten. In dieser Arbeit werden aus dem weiten Bereich der Kältetechnik die Gewerbekälteanlagen näher untersucht, da diese Anlagen primär zur Kühlung von Lebensmitteln eingesetzt werden und somit eine unverzichtbare Rolle im Bereich der Gesellschaft einnehmen. In Abbildung 1.1 sind die in Rhiemeier u. a. (2008) publizierten Energieverbräuche aus einem typischen Lebensmitteleinzelhandel dargestellt. Deutlich zu erkennen ist, dass der Kühlung eine

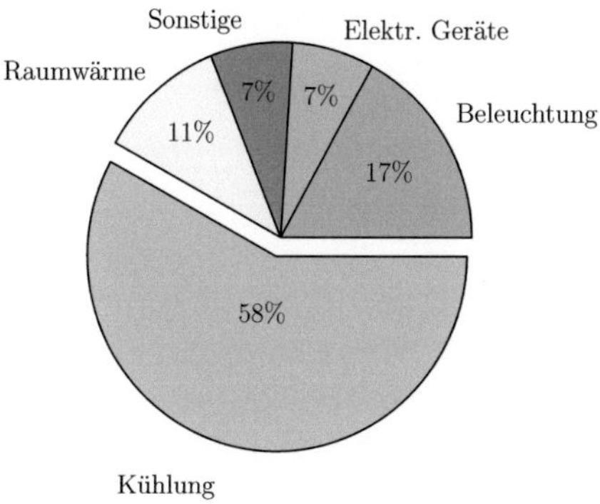

Abbildung 1.1: Anteil der Energiekosten im Lebensmitteleinzelhandel (Rhiemeier u. a. (2008))

übergeordnete Rolle bei dem Energieverbrauch zuzuordnen ist und somit das Potenzial aufweist, einen wesentlichen Beitrag zur Energieeinsparung zu leisten. Bei der ganzheitlichen Betrachtung von Kälteanlagen steht nicht nur die energetische Effizienz und somit die Betriebskosten im Vordergrund, sondern auch der (direkte) Einfluss des Kältemittels (KM) auf die Umwelt. Als wichtige Einflussgrößen sind das Treibhauspotenzial, welches durch den GWP-Wert repräsentiert wird, und das Ozonabbaupotenzial (ODP-Wert) bekannt.

Als Indikator für den Treibhauseffekt und bedingt auch zum Vergleich verschiedener Anlagen, kann der TEWI-Wert herangezogen werden. Dieser stellt eine Berechnungsmethode (siehe Gleichung (1.1)) nach DIN EN 378-1 dar, durch die der direkte- und indirekte Treibhauseffekt numerisch erfasst werden kann. Der direkte Treibhauseffekt errechnet sich aus der Summe der Leckage und der Rückgewinnungsverluste. Aus Gleichung (1.1) ist zu erkennen, dass die Wahl des Kältemittels nicht nur indirekt über den Energiebedarf, sondern auch direkt einen Einfluss auf die Umwelt hat.

$$TEWI = \underbrace{(\mathrm{GWP}\, L\, n)}_{\text{Leckage}} + \underbrace{(\mathrm{GWP}\, m\, (1-\alpha_{rec}))}_{\text{Rückgewinnungsverluste}} + \underbrace{(n\, E_{\mathrm{Jahr}}\, \beta)}_{\text{Energiebedarf}} \tag{1.1}$$

Zusätzlich zur energetischen Effizienz und einem möglichst geringen Einfluss auf die Umwelt sollte das Kältemittel nach Jungnickel u. a. (1990) folgende Eigenschaften besitzen:

- ungiftig/nicht gesundheitsschädigend
- nicht brennbar/nicht explosiv
- chemisch inaktiv
- energetisch effektiv
- in hoher Reinheit kostengünstig herstellbar und verfügbar
- hohe Wärmeübertragungskoeffizienten
- niedrige Druckverluste bei der Strömung

In Tabelle 1.1 sind die in der DIN 8960 genannten wichtigen Eigenschaften von ausgewählten Kältemitteln und die in der DIN EN 378-1 genannte Toxizität dargestellt.

Das Montrealer-Protokoll zum Verzicht von Stoffen, die zum Ozonabbau beitragen und das Kyoto-Protokoll zur Verringerung der Treibhausgase stellen zwei völkerrechtliche Verträge zum Schutz der Umwelt dar. Das Montreal-Protokoll beschreibt hierfür ein sogenanntes phase-out, ein Verbot der Herstellung und Verwendung von chlor- und bromhaltigen Chemikalien. Abbildung 1.2 gibt einen Überblick und eine Extrapolation über den Einsatz unterschiedlicher Fluide, welche auch als Arbeitsstoffe in Kälteanlagen (Refrigerants) zum Einsatz kommen können. Es ist deutlich zu erkennen, das die Verwendung von

Tabelle 1.1: Klassifikation ausgewählter Kältemittel nach nach DIN 8960 und DIN EN 378-1

Kurzzeichen	GWP_{100}	ODP	L-Klasse	LFL	Toxizität A→B zunehmend
R22	1700	0,055	1	–	A1
R134a	1300	0	1	–	A1
R600a	3	0	3	0,038	A3
R717	0	0	2	0,116	B2
R718	0	0	1	–	k.A.
R744	1	0	1	–	A1
R507	3800	0	2	k.A.	A1
R404A	3800	0	1	k.A.	A1
R290	3	0	3	0,038	A3
R1234yf	4	0	2	0,299	A2

chlorierten Fluiden, welche die Ozonschicht schädigen können, durch das 1989 in Kraft getretene Montreal-Protokoll deutlich zurückging. Diese wurden durch HFCs wie zum Beispiel R404A ersetzt, welche nicht mehr die Ozonschicht schädigen, im Gegenzug aber einen hohen GWP-Wert besitzen (vgl. Tab.: 1.1).

Den Umweltbelastungen durch die Kältemittel kann durch den Einsatz natürlicher Stoffe entgegengewirkt werden, da diese einen signifikant geringeren GWP- und ODP-Wert im Vergleich zu synthetisch hergestellten Fluiden aufweisen. Nach Hesse (1992) waren die ersten Arbeitsfluide in Kältemaschinen natürliche Stoffe wie Wasser (1755), Ethylether (1834), Ammoniak (1867) und auch Kohlenstoffdioxid (1881), fanden aber aufgrund ihres geringen Dampfdruckes (Wasser bzw. R718), der Brennbarkeit (Ethylether, Propan bzw. R290) oder ihrer Giftigkeit (Ammoniak bzw. R717) mit der Einführung der sogenannten Sicherheitskältemittel nur eine geringe Akzeptanz als Arbeitsstoff in Kälteanlagen. Einzig Kohlenstoffdioxid (R744), welches auch als Trockeneis zur Kühlung eingesetzt wird, ist weder brennbar noch akut giftig[1], hat einen geringen GWP-Wert (GWP = 1; Referenz), kein Potenzial zur Zerstörung der Ozonschicht (ODP = 0) und eine hohe volumenstrombezogene Kälteleistung, welche kompakte Anlagenkomponenten ermöglicht. Zum Vergleich hat das derzeit in Gewerbekälteanlagen (Supermarktkälteanlagen) eingesetzte R134a einen GWP von 1300 und einen OPD-Wert von 0 und das ebenfalls als Ersatzkältemittel für R22 und R502 verwendete R404A einen GWP-Wert von 3800. Auch aus ökonomischer Sicht ist Kohlenstoffdioxid vorteilhaft, da es ein natürlicher Stoff ist und somit z.B. aus natürlichen Lagerstätten ökonomisch gewonnen werden kann. Ebenfalls fällt es bei der

[1] Eine Gefährdung geht von CO_2 insofern aus, da Kohlenstoffdioxid den Luftsauerstoff verdrängen (schwerer als Luft) und bei einer erhöhten Konzentration in der Atemluft zu Atemdepression / Atemstillstand führen kann.

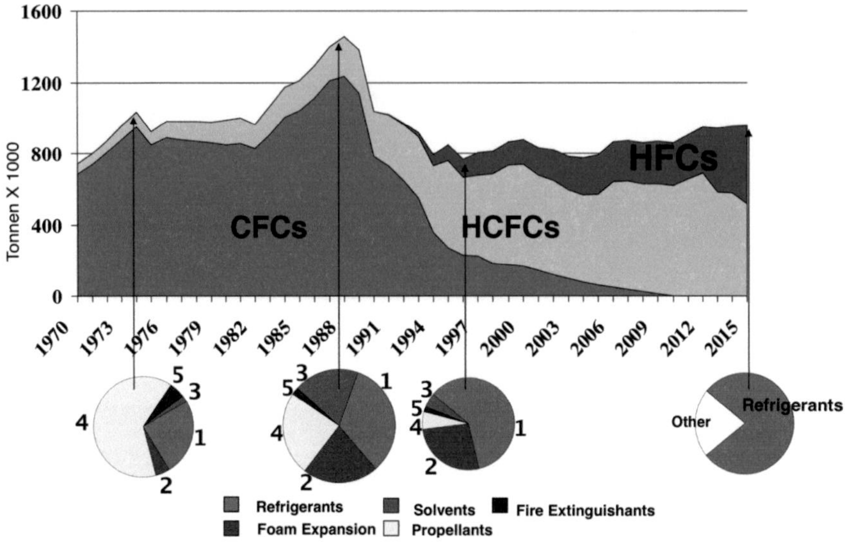

Abbildung 1.2: Übersicht über die Herstellung verschiedener Arbeitsfluide (nach Schwarz u. a. (2011)) 1: Refigerants, 2: Foam Expansion, 3: Solvents, 4: Propellants, 5: Fire Extinguishants

Verbrennung von fossilen Energieträgern an und wird dort beispielsweise durch das sogenannte Pre-Combustion Verfahren abgetrennt (vgl.: Riedel (2007)).
Hesse (1992) nennt einen weiteren wichtigen Faktor bei der Auswahl des Kältemittels, die Leistungszahl $\varepsilon_{\mathrm{KM}}$, welche auch als COP bezeichnet wird. Diese beschreibt das Verhältnis von Nutzen der Kälteleistung $\dot{Q}_0$ zum Aufwand, der Leistungsaufnahme P. In der spezifischen Form kann sie nach Gleichung (1.2) berechnet werden.

$$\varepsilon_{\mathrm{KM}} = \frac{q_0}{w_{t,C}} \tag{1.2}$$

Bezüglich der Leistungszahl ergeben sich bei der Verwendung von CO_2 deutlich ungünstigere Werte im Vergleich mit zum Beispiel R717 (Hesse (1992)). Ein weiterer Nachteil bei der Verwendung von Kohlenstoffdioxid kann aus dem, in Abbildung 1.3 dargestellten, p,h-Diagramm[2] erkannt werden. In dieser Darstellung ist das Zweiphasengebiet, welches links von der Siedelinie und rechts von der Taulinie begrenzt wird, dargestellt. Beide Kurvenzüge münden im kritischen Punkt ($p_{krit} = 73,8\,\mathrm{bar}\,, T_{krit} = 304,1\,\mathrm{K}$). Ebenfalls dargestellt ist das überkritische Gebiet, welches von der kritischen Isotherme und der kritischen Isobare, die sich im kritischen Punkt schneiden, begrenzt wird. Im Vergleich zu anderen Kältemitteln wie z.B. R134a liegt der kritische Punkt von Kohlenstoffdioxid sehr

[2] Die in dieser Arbeit dargestellten p,h-Diagramme und die Berechnungen der Stoffwerte wurden mit dem von Lemmon u. a. (2007) entwickelten Stoffdatenprogramm REFPROP 8.0 erstellt.

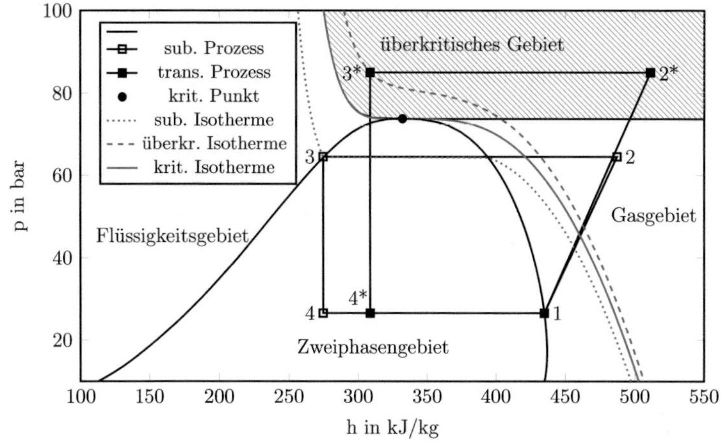

Abbildung 1.3: Sub- und transkritischer Prozess im p,h-Diagramm für CO_2

niedrig, was unter bestimmten Voraussetzungen eine transkritische Betriebsweise - eine Prozessführung um den kritischen Punkt - notwendig macht. Ein solcher transkritischer und ein subkritischer Prozess, sowie eine sub- und überkritische Isotherme sind ebenfalls im Diagramm abgebildet. Bei der transkritischen Betriebsweise kommt es aufgrund der Steigung der Isothermen zu einer Reduzierung der massenstrombezogenen Kälteleistung q_0 um die Differenz $h_{4^*} - h_4$. Gleichzeitig steigt das Druckverhältnis für die Verdichtung und daraus folgend, die Leistungsaufnahme des Verdichters um die Enthalpiedifferenz $h_{2^*} - h_2$. Beide Einflüsse verschlechtern die Leistungszahl des Prozesses. Zusätzlich können hohe Druckverhältnisse zu Verdichtungsendtemperaturen von größer 140 °C führen. Des Weiteren entstehen beim Einsatz von Kohlenstoffdioxid nicht nur im Betrieb, sondern auch im Stillstand der Anlage hohe Drücke. Aus diesem Grund wurde CO_2 in der Vergangenheit hauptsächlich in der unteren Stufe von Kaskadenanlagen eingesetzt.

Haaf (2002) zeigt, dass R744 im subkritischen Betrieb im Vergleich mit R404A teilweise sogar höhere Leistungszahlen erreichen kann. Dies wird durch eine verbesserte Wärmeübertragung mit CO_2, die um 2 K erhöhte Verdampfungstemperatur, durch den um 1 K reduzierten Sättigungstemperaturverlust in der Saugleitung und die Reduzierung der Verflüssigungsdtemperatur (bei geringen Außentemperaturen) auf bis zu 10 °C, bei ausreichend großer Druckdifferenz zum Verdampfungsdruck erreicht.

Ein weiteres Indiz für die steigende Akzeptanz von Kohlenstoffdioxid zeigt die durch Chasserot (2010) publizierte Karte (vgl. Abb.: 1.4). Diese stellt die Akzeptanz von transkritischen Gewerbekälteanlagen in Teilen Europas dar und zeigt, dass zunehmend auch in gemäßigten Klimazonen transkritische Anlagen betrieben werden. Da im transkritischen Bereich keine direkte Kopplung von Temperatur und Druck gegeben ist, kommt es im

Abbildung 1.4: Übersicht über die in Europa installierten transkritischen Supermarktanwendungen (Chasserot (2010))

Verflüssiger bzw. Gaskühler zur sogenannten gleitenden Wärmeabgabe des Kältemittels. Diese Eigenschaft wird zum Beispiel bei der Verwendung von CO_2 in Wärmepumpen zur Bereitstellung von Warmwasser genutzt. Durch diese Prozessführung werden die Exergieverluste in dem Verflüssiger, welcher im transkritischen Prozess auch als Gaskühler bezeichnet wird, verringert, da geringere Temperaturdifferenzen zwischen den Stoffströmen erreicht werden.

Zur Realisierung einer hohen Leistungszahl im transkritischen Prozess schlagen Lorentzen u. a. (1993) eine Hochdruckregelung vor. Die Anlagenschaltung ist in Abbildung 1.5 dargestellt. In diesem Prozess wird das Kältemittel im Verdichter (10) auf den Hochdruck p_{HD} verdichtet, im Gaskühler (11) abgekühlt, ggf. in einem inneren Wärmeübertrager (12) weiter abgekühlt und im Entspannungsventil (13) auf Verdampfungsdruck p_0 gedrosselt. Nach der Verdampfung im Verdampfer (14) gelangt es in einen Akkumulator (16) und wird von dort als trocken gesättigter Dampf abgesaugt. Dieser wird anschließend im inneren Wärmeübertrager (12) überhitzt und dem Kompressor zugeführt. Lorentzen u. a. (1993) schlagen vor, das Entspannungsventil (13) als Druckregelventil, welches den

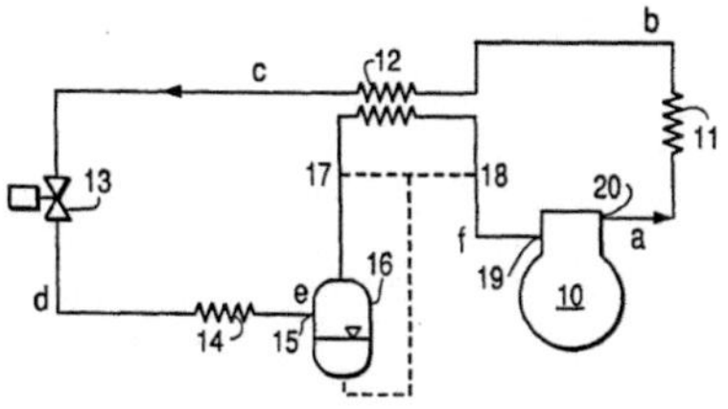

Abbildung 1.5: Anlagenschaltung eines CO_2-Prozesses nach Lorentzen u. a. (1993)

Druck vor dem Ventil regelt, auszuführen. Abbildung 1.6 (a) zeigt, dass im transkritischen Betriebsfall der Hochdruck frei wählbar ist. Die von Lorentzen vorgeschlagene Hochdruckregelung hat die Aufgabe, im transkritischen Betriebsfall die Leistungszahl zu maximieren. Als Parameter bei der Regelung dient die Austrittstemperatur aus dem Gaskühler $t_{a,GK}$. Die Bestimmung der maximalen Leistungszahl $\varepsilon_{\mathrm{KM,max}}$ ist in Abbildung 1.6 dargestellt. In Anlehnung an Abbildung 1.6 (a) wird die Leistungszahl maximal, wenn bei einer Änderung des Hochdrucks die Änderung der zur Verdichtung notwendigen Leistung gering gegenüber der Erhöhung der Gaskühlerleistung (respektive der Kälteleistung) ist. Für die maximale Leistungszahl kann nach Elbel (2007) Gleichung (1.3) angegeben werden.

$$\varepsilon_{\mathrm{KM,max}} = -\frac{\left.\frac{\partial h_{a,GK}}{\partial P}\right|_{\mathrm{t=const}}}{\left.\frac{\partial h_{a,C}}{\partial P}\right|_{\mathrm{s=const}}} \tag{1.3}$$

In Abbildung 1.6 (b) sind für eine konstante Austrittstemperatur aus dem Gaskühler $t_{a,GK}$ unterschiedliche Leistungszahlen über dem Hochdruck aufgetragen. Ist der Anstieg der Funktion der Leistungszahl gleich 0, wird diese maximal. Somit folgt Gleichung (1.4).

$$\left.\frac{\partial \varepsilon_{\mathrm{KM,max}}}{\partial p}\right|_{t_{a,GK}} = 0 \tag{1.4}$$

Der an diesem Punkt ermittelte Hochdruck wird als optimaler Hochdruck bezeichnet.

Zur energetischen Untersuchung des Prozesses können die Verlustquellen zum Beispiel im p,h- oder dem T,s-Diagramm identifiziert werden. In Abbildung 1.7 ist hierzu ein Prozess mit isenthalper Entspannung (Linienzug 1-2-3-4) sowie ein Prozess mit arbeitsleistender Entspannung (Linienzug 1-2-3-4a) im T,s- und p,h-Diagramm dargestellt. Der Prozess mit isenthalper Entspannung wird im Folgenden EXV-Prozess und der mit kombinierter Expander-Kompressor-Einheit (ECU), ECU-Prozess genannt. Die massenstrombezogene Kälteleistung q_0 kann aus dem p,h-Diagramm in Abbildung 1.7 (a) direkt als Strecke abgelesen werden. Für den Prozess mit isenthalper Entspannung ist dies die zugehörige Strecke $\overline{14}$ und für den Prozess mit arbeitsleistender Entspannung die Strecke $\overline{14a}$. Im

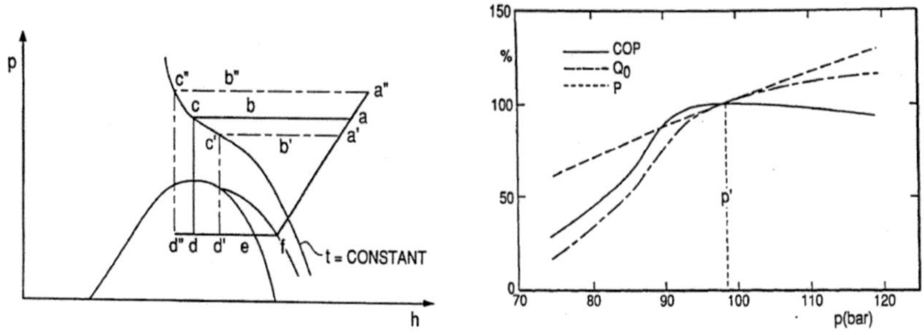

(a) Darstellung des Kälteprozesses bei verschiedenen Hochdrücken und konstanter $t_{a,GK}$ (b) Bestimmung der maximalen Leistungszahl

Abbildung 1.6: Darstellung des Verfahrens zur Bestimmung des optimalen Hochdrucks im transkritischen CO_2 Prozess (Lorentzen u. a. (1993))

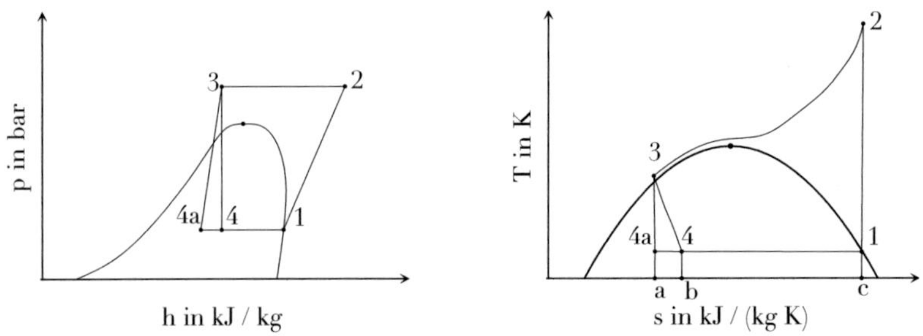

(a) transkritischer Prozess im p,h-Diagramm (b) transkritischer Prozess im T,s-Diagramm

Abbildung 1.7: Vergleich der isenthalpen mit einer reversiblen arbeitsleistenden Entspannung

T,s-Diagramm in Abbildung 1.7 (b) repräsentiert die Fläche 1-4-b-c die Kälteleistung bei isenthalper Entspannung und die Fläche 1-4a-a-c die spezifische Kälteleitung. Zusätzlich ist ein Kreislauf mit arbeitsleistender Entspannung ohne Nutzung der gewonnen Arbeit eingetragen (Linienzug 1-2-3-4a). Somit wird ersichtlich, dass bei dem Einsatz einer arbeitsleistenden (im Idealfall isentropen) Entspannung ein Zugewinn an Kälteleitung (Fläche 4-4a-a-b) entsteht, welcher die Leistungszahl erhöht. Wird eine arbeitsleistende Entspannung eingesetzt, kann zusätzlich nach Gleichung (1.5), Gleichheit der Massenströme am Entspannungs- und Kompressionsteil vorausgesetzt, die Leistungszahl durch Nutzung der gewonnen Arbeit nochmals erhöht werden.

$$\varepsilon_{\mathrm{KM}} = \frac{q_0 + w_{t,E}}{w_{t,C} - w_{t,E}} \tag{1.5}$$

Mit den nachfolgend genannten Annahmen wurden Prozesse mit verschiedenen Kältemitteln mit isenthalper und isentroper (reversibler) Entspannung berechnet. Die Leistungszahl des Basisprozesses (isenthalpe Entspannung) und die Zunahme der Leistungszahl bei Verwendung einer isentropen Entspannung ist in Abbildung 1.8 grafisch dargestellt. Zur Berechnung wurden folgende Annahmen getroffen:

- keine Unterkühlung[3] und Überhitzung
- Verdampfungstemperatur: $t_0 = -10\,°\mathrm{C}$
- Austrittstemperatur aus dem Verflüssiger bzw. Gaskühler von 35 °C
- isentrope Entspannung
- isentroper Gütegrad der Hauptverdichter bei R744: 0,65 berechnet mit einem von der Fa. Bitzer bereitgestellten Polynom; sonst mittels des Polynoms: $\eta_s^G = -0,0029\,\Pi^2 + 0,0232\,\Pi + 0,647$; erstellt mit Daten aus Jungnickel u. a. (1990)
- Der Hochdruck ist einen Funktion der Austrittstemperatur aus dem Verflüssiger. Da bei R744 ein transkritischer Betrieb vorliegt, wurde der Hochdruck iteriert, um die maximale Leistungszahl zu berechnen.

Der in der Aufzählung genannte Gütegrad des Verdichters kann nach Gleichung (1.6) in spezifischer Form als Verhältnis der theoretischen technischen Arbeit $w_{t,th}$ zur technischen Arbeit[4] w_t bestimmt werden.

$$\eta^G = \frac{w_{t,th}}{w_t} \tag{1.6}$$

Für einen isentropen Vergleichsprozess folgt der isentrope Gütegrad η_s^G aus dem Verhältnis von isentroper (spezifischer) Leistungsaufnahme $w_{t,s}$ zur aufzuwendenden spezifischen Arbeit w_t. Ist es möglich den Verdichter zu indizieren, wird auch der sogenannte indizierte Gütegrad η_{ind}^G angegeben. Zur Berechnung wird die technische Arbeit w_t in Gleichung (1.6) durch die aus einem Indikatordiagramm (p,V-Diagramm) ermittelte Arbeit $w_{t,ind}$ ersetzt. Abbildung 1.8 (b) zeigt, dass der Einsatz einer arbeitsleistenden Entspannung im Prozess mit CO_2 die größte Verbesserung erzielen kann.

Plank (1928) beschreibt zur Verbesserung des Prozesses eine weitere Möglichkeit. Diese bietet das Potenzial die Leistungszahl zu steigern, indem eine zweistufige Verdichtung mit Zwischenkühlung eingeführt wird.

Basierend auf diesen beiden Möglichkeiten zur Effizienzsteigerung, schlägt Heyl (1999) eine Kombination der arbeitsleistenden Entspannung und der zweistufigen Verdichtung mit Zwischenkühlung vor. Hierbei wird die bei der Entspannung gewonnene Arbeit direkt

[3] Als Unterkühlung wird die Temperaturdifferenz zwischen der Sättigungstemperatur als Funktion des Kondensationsdruckes und der Austrittstemperatur aus dem Kondensator bzeichnet.

[4] Die technische Arbeit kann aus dem Verhältnis von effektiver Leistung zum Massenstrom berechnet werden.

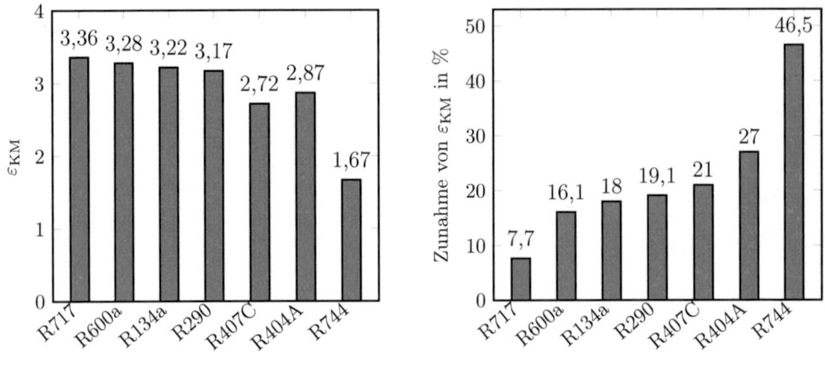

(a) Leistungszahlen der Basisprozesse

(b) Veränderung der Leistungszahl in Abhängigkeit vom verwendeten Kältemittel

Abbildung 1.8: Leistungszahlen und Verbesserungspotenzial bei dem Einsatz einer arbeitsleistenden Entspannung unter der Verwendung verschiedener Kältemittel

im Prozess zum Antrieb einer zweiten Verdichtungsstufe genutzt. Eine solche Einbindung in den Prozess ist in Abbildung 1.9 und 1.10 als Linienzug 1-2-3-4-5-6 dem Prozess mit isenthalper Entspannung und einstufiger Verdichtung (Linienzug 1-2a-5a-6a) gegenübergestellt. Die Zwischenkühlung findet hier von Punkt 2 nach Punkt 3 statt. Zur Berechnung des Zwischendrucks wurde die Bedingung

$$w_{t,Exp} = w_{t,\text{C-ECU}} \tag{1.7}$$

vorausgesetzt. Die zur Prozessberechnung notwendigen Randbedingungen unterscheiden sich zu den eingangs genannten, durch die Annahme eines (isentropen) Gütegrades der Verdichtung, welcher bei der zweistufigen Verdichtung mit 0,7 für den Hauptverdichter

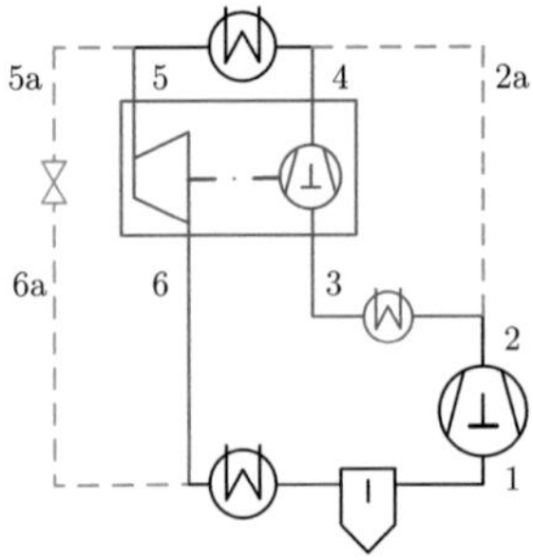

Abbildung 1.9: Vereinfachtes Fließbild des EXV- und ECU-Prozesses

(1 → 2) und mit 0,85 für den Verdichterteil der Expander-Kompressor-Einheit (3 → 4) angenommen wurde. Der isentrope Gütegrad der Entspannung wird mit 1,0 (5 → 6) angenommen. Korrespondierend zu Abbildung 1.9 müsste der Verdichter am Punkt 1 trocken gesättigten Dampf ansaugen. Bei der Berechnung der beiden Prozesse ist zusätzlich von einem Wärmeeintrag entsprechend 2 K in die Saugleitung ausgegangen worden, wodurch es zu der dargestellten Überhitzung kommt. Durch eine solche Schaltung kann die Leistungszahl des EXV-Prozesses von 1,71 auf 3,16 im Prozess mit ECU und Zwischenkühlung gesteigert werden.

In Abbildung 1.10 sind beide Prozesse im p,h-Diagramm und T,s-Diagramm dargestellt. Es ist zu erkennen, dass im ECU-Prozess der Hochdruck geringfügig unter dem des EXV-Prozesses liegt (vgl. Abb.: 1.10 (a)). Heyl (1999) gelangte ebenfalls zu dieser Feststellung und weist auf den sehr flachen Verlauf der Maxima in Abhänigkeit vom Hochdruck hin.

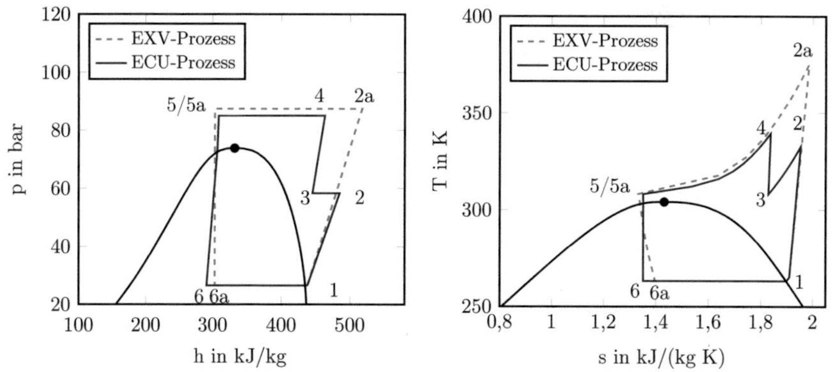

(a) EXV- und ECU-Prozess im p,h-Diagramm (b) EXV- und ECU-Prozess im T,s-Diagramm

Abbildung 1.10: Vergleich des transkritischen Prozesses mit und ohne Expander-Kompressor-Einheit und Zwischenkühlung

1.2 Ziele und Aufbau der Arbeit

Die eingangs ausgeführten Erläuterungen und die gesetzlichen Bestimmungen der Europäischen Union zur Verminderung von Treibhausgasen, wie zum Beispiel das Verbot von Kältemitteln mit einem GWP größer 150 in Pkw-Klimaanlagen (Elbel (2007)) zeigen, dass Kältemittel mit einem hohen GWP und ODP-Wert durch bereits in der Atmosphäre vorkommende Stoffe, ersetzt werden sollten (Süß (1998)). Kohlenstoffdioxid ist ein solcher natürlicher Stoff, hat aber im Vergleich zu Ammoniak oder Propan, den Nachteil einer geringeren Leistungszahl und eines erhöhten technologischen Aufwands, ist aber weder giftig (Ammoniak) noch brennbar (Propan) und wird aus diesem Grund zunehmend in stationären Gewerbekälteanlagen eingesetzt.

Wie Abbildung 1.8 (b) zeigt, kann die Integration eines Expanders in ein System mit CO_2 eine signifikante Verbesserung der Leistungszahl erzielen. Damit, z.B. aufgrund von veränderlichen Kältelasten und Rückkühltemperaturen, auch unter verschiedenen Betriebsbedingungen im Vergleich zu den derzeit eingesetzten Kältemitteln die Anlage energetisch effizient mit Kohlenstoffdioxid und Expander-Kompressor-Einheit betrieben werden kann, spielt die Regelung der Anlage eine wichtige Rolle. Dementsprechend werden mit der vorliegenden Arbeit folgende Ziele verfolgt:

1. Es soll der derzeitige Stand der Technik der Entspannungsmaschinen, vor allem im Hinblick auf den Prozess mit CO_2, dargelegt und aufgezeigt werden, inwiefern Arbeiten auf dem Gebiet der Integration eines Expanders und dessen Regelung erfolgt sind. Es soll gezeigt werden, welche Forschungsarbeiten zu Entspannungsmaschinen für R744 sich zusätzlich zur Theorie auch mit verschiedenen Betriebszuständen wie sub- und transkritisch und mit der notwendigen Regelung beschäftigen.

2. In der vorliegenden Arbeit soll diskutiert werden, welche Komponenten für den sub- und transkritischen Betrieb einer Gewerbekälteanlage mit Expander-Kompressor-Einheit notwendig sind.

3. Zur Regelung des Kältesystems mit Expander-Kompressor-Einheit sollen Regelstrategien entwickelt, experimentell untersucht und dem derzeitigen Stand der Technik gegenübergestellt werden.

4. Um erstmals den Labormaßstab verlassen zu können, müssen Untersuchungen zum Betriebsverhalten an Anlagen der Gewerbekälte mit Expander-Kompressor-Einheit unter realitätsnahen Bedingungen durchgeführt werden.

5. Des Weiteren soll der Prozess mit Expander-Kompressor-Einheit dem derzeitigen Stand der Technik energetisch gegenübergestellt werden, um experimentell das Verbesserungspotenzial nachzuweisen.

Zur experimentellen Untersuchung werden zwei transkritisch arbeitende Kälteanlagen genutzt, welche von Projektpartnern errichtet worden sind. Die Integration der Expander-Kompressor-Einheit und die hierfür nötigen Komponenten, die Regelstrategie sowie die Prozessführung wurden vom Autor vorgegeben.
Folgende Anlagen wurden verwendet:

- Eine Feldtestanlage in einem Schweizer Cash & Carry Markt mit Mitteldruckabscheider und nur einem Verdampfungsdruckniveau (Normalkühlung (NK)).

- Um die Feldtestanlage experimentell zu begleiten und um definierte Prozessbedingungen einstellen sowie den Prozess mit ECU dem mit EXV messtechnisch gegenüberstellen zu können, wurde parallel eine weitere Anlage, ebenfalls mit Mitteldruckabscheider aufgebaut. Diese Anlage kann Kälte auf zwei Verdampfungsdruckniveaus bereitstellen (Normalkühlung (NK) und Tiefkühlung (TK)) und ist als Versuchs- und Demonstrationsanlage in der sogenannten Booster-Schaltung (NK- und TK-Kühlstufen nicht voneinander getrennt) ausgeführt. Diese Bezeichnung der Anlagenschaltung ist z.B. in Hieble u. Javerschek (2011) und Ge u. Tassou (2011) zu finden. Zusätzlich ist ein gesonderter Verdampfer, welcher auf beiden Verdampfungsdruckniveaus arbeiten kann, integriert. Dieser, als Wärmepumpenverdampfer bezeichnete Wärmeübertrager, wurde in den experimentellen Untersuchungen zur zusätzlichen Bereitstellung von Kältelast genutzt.

Die Arbeit ist wie folgt gegliedert:

In Kapitel 1 sind die Gründe für die Verwendung von CO_2 sowie eine Möglichkeit zur Steigerung der Leistungszahl dargelegt.

Kapitel 2 befasst sich mit dem allgemeinen Stand der Technik der Entspannungsmaschinen und stellt verschiedene Bauarten vor. Eine Recherche gibt einen Einblick in verschiedene Patente zu Expandern. Die Literaturrecherche zeigt chronologisch, welche Forschungsarbeiten im Bereich der Entspannungsmaschinen für R744 durchgeführt wurden und stellt dar, inwieweit die Punkte Regelung und beide möglichen Betriebsweisen (sub- und transkritisch) untersucht wurden.

Detailliert werden in Kapitel 3 die verwendeten Anlagen und die zur Integration der ECU nötigen Komponenten beschrieben. Auf die Besonderheiten des aktuellen Prototypen der Expander-Kompressor-Einheit wird ebenfalls eingegangen.

Der Regelung des Kältesystems mit ECU unter veränderlichen Prozessbedingungen widmet sich Kapitel 4 und stellt die Besonderheiten bei dem Betrieb mit Expander-Kompressor-Einheit heraus. Es werden die gegenüber dem EXV-Prozess erfolgten Veränderungen an der Regelung der Kälteanlage diskutiert.

In Kapitel 5 werden Berechnungsgrundlagen für eine kombinierte Expander-Kompressor-Einheit vorgestellt. Anschließend werden Berechnungen zum Betrieb mit ECU in der Anlagenkonfiguration mit Mitteldruckabscheider präsentiert.

In Kapitel 6 werden experimentelle Untersuchungen und energetischen Vergleiche zwischen EXV- und ECU Prozess unter unterschiedlichen Betriebsbedingungen vorgestellt.

Die Zusammenfassung der wichtigsten Erkenntnisse der Arbeit erfolgt in Kapitel 7.

2 Stand der Technik

Entspannungsmaschinen sind bereits seit Anbeginn der Industrialisierung im Einsatz. Eines der bekanntesten Beispiele ist der Kolbenexpander einer Dampfmaschine. Wie bereits gezeigt, ist auch in der Kältetechnik die arbeitsleistende (isentrope) Entspannung energetisch wirksamer als die Drosselung (isenthalpe Entspannung) des Arbeitsstoffes. In der Literatur sind Entspannungsmaschinen in vielerlei Hinsicht untersucht und diskutiert worden. In diesem Kapitel soll ein Überblick über verschiedene Forschungsvorhaben bezüglich der in dieser Arbeit behandelten Problemstellung gegeben werden. Es wird dargelegt, welche Arten von Maschinen einsetzbar sind. Ziel der Recherche ist zudem, aufzuzeigen, inwieweit in den bisherigen Publikationen der für den ganzjährigen Betrieb in Gewerbekälteanlagen wichtige Punkt der Regelung und des energetischen Vergleiches mit dem Stand der Technik erfolgte.

2.1 Literatur- und Patentrecherche

Prinzipiell kann jede Maschine, die im Verdichtungsprozess eingesetzt wird, auch zur Nutzung der Entspannungsarbeit Verwendung finden. Eine Einteilung nach dem Arbeitsprinzip der zur isentropen Entspannung nutzbaren Typen gibt Tabelle 2.1.

Tabelle 2.1: Übersicht über mögliche Maschinen zur arbeitsleistenden Entspannung

Verdränger-Prinzip		Strömungs-Prinzip
Rotationskolben	Hubkolben	
Drehkolben	einfach wirkend	Ejektor
Zellen-/Drehschieber	doppelt wirkend	Turbo
Scroll	Doppelkolben	Vortex
Zahnrad	Membrankolben	
Schraube		
Roots		
Kreiskolben		
Wankel		

Das Verfahren der arbeitsleistenden Entspannung ist in einem anderen Gebiet der Erzeugung tiefer Temperaturen, der Kryotechnik, Stand der Technik und soll aus diesem Grund einleitend vorgestellt werden.

Expander in der Kryotechnik

Die geschichtliche Entwicklung der Entspannungsmaschinen auf diesem Gebiet begann mit Maschinen, welche nach dem Verdrängerprinzip arbeiten. In Fastowski u. a. (1970) wird eine Kolbenentspannungsmaschine zur Verflüssigung von Helium gezeigt. Diese ist in Abbildung 2.2 dargestellt und wurde unter der Leitung von Kapitza entwickelt. Pioniere der Expanderentwicklung im Bereich der Kryotechnik waren Claude/Heylandt (1902/1912; Luftverflüssigung), Claude (1920) und unter anderem Kapiza (1934) mit der Verflüssigung von Wasserstoff bzw. Helium (Quack (2000)). Auch hier wurden zu Beginn Kolbenentspannungsmaschinen eingesetzt.

Die derzeit verwendeten Expander arbeiten hauptsächlich nach dem Strömungsprinzip und sind in der Regel als Turbomaschinen analog der durch Bosen (2005) und Pozivil (2002) patentierten Maschinen ausgeführt. In zum Beispiel He-Verflüssigern werden Turbinen mit Laufrädern, ähnlich dem in Abbildung 2.1 gezeigten, eingesetzt. Diese erreichen Drehzahlen von bis zu 4500 s^{-1} und entspannen aufgrund der möglichen Beschädigung bei der Entspannung durch Tropfenschlag nicht in das Zweiphasengebiet. Wie Quack (2000) beschreibt, ist die Nutzung der aus dem Prozess ausgekoppelten Leistung in der Regel nur sinnvoll, wenn die Arbeitstemperatur des Expanders über 100 K liegt. Aus diesem Grund wurde zu Beginn die aus dem Prozess gewonnene Arbeit über zum Beispiel eine Ölbremse aus dem Prozess abgeführt. Mit dem zunehmenden Anstieg von Energiekosten wird bei modernen Heliumverflüssigern die Entspannungsarbeit direkt zur Vorverdichtung genutzt. Untersuchungen zu einem Kolbenexpander mit Wärmeübertragerflächen zur Entspannung von Neon wurden theoretisch und experimentell durch Fredrich (2003) durchgeführt, führten aber nicht über den Labormaßstab hinaus.

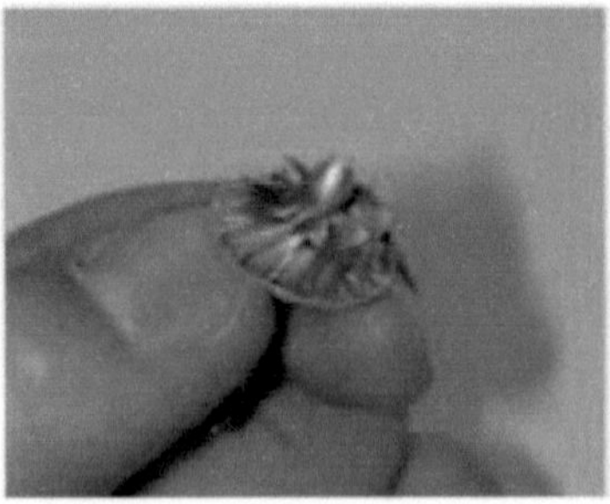

Abbildung 2.1: Laufrad der Entspannungsturbine eines He-Verflüssigers (Haberstroh (2010))

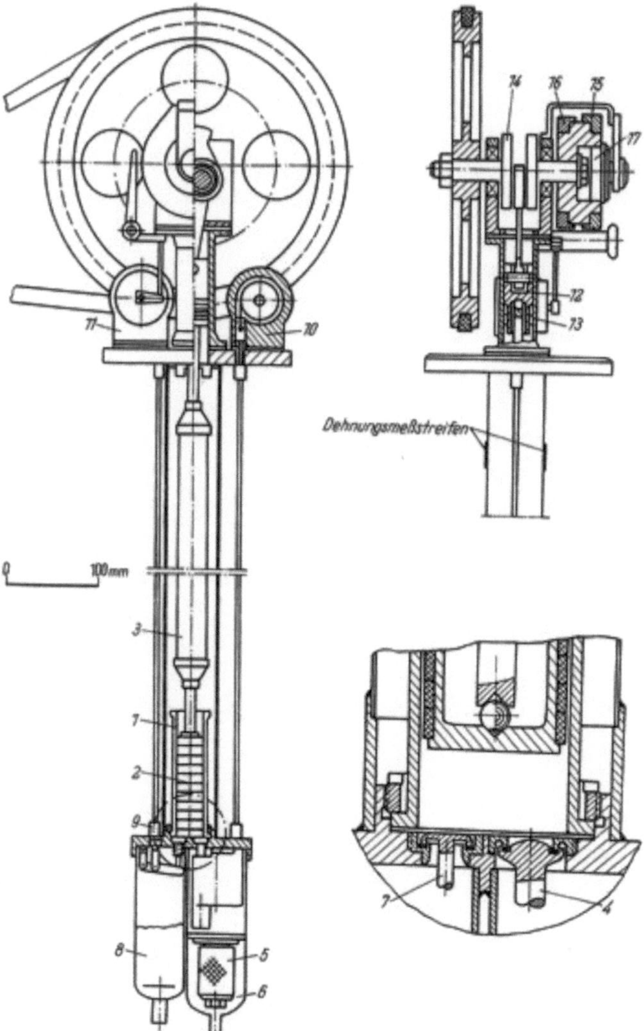

Abbildung 2.2: Kolbenentspannungsmaschine zur Verflüssigung von Helium (Fastowski u. a. (1970))
1 Zylinder, 2 Kolben, 3 Stange, 4 Einlassventil, 5 Verschlusskappe für Einlassventil, 7 Auslassventil, 8 Verschlusskappen für Auslassventil, 9 Kompensatoren, 10/11 Wellenabdichtungsbuchsen, 12 Kreuzkopfkolben, 13 Manschetten, 14 Kurbelwelle, 15/16 Antriebsklauen, 17 Geber zur Anzeige der Kolbenlage

Nachfolgend werden einige in der Kältetechnik verwendete Entspannungsmaschinen nach dem in Tabelle 2.1 gegebenen Prinzipien vorgestellt.

Strömungs-Prinzip

Ejektoren

Der Ejektor ist in der Kälte- und Verfahrenstechnik auch bekannt als Strahlpumpe bzw. Dampfstrahlkältemaschine. Eine geschichtliche Entwicklung und mögliche Varianten der Einbindung in den Prozess geben Elbel (2011) sowie Cube u. Lotz (1981). Abbildung 2.3 zeigt eine der Möglichkeiten zur Einbingung in den Prozess. Aufgabe des Ejektors ist hier die Anhebung des Saugdruckes für den Verdichter, sodass dieser nicht mehr von Verdampferdruckniveau (Punkt 9 bzw. 10) sondern von Punkt 1 trocken gesättigten Dampf ansaugt und somit eine geringere Druckdifferenz überwinden muss. Hierdurch kann die Leistungszahl des Prozesses erhöht werden. Im Wesentlichen besteht er aus einer Saugkammer mit Saugdüse (4 und 5), einem Mischbereich (6) und einem Diffusor (7). Im Ejektor wird das aus dem Gaskühler austretende Kältemittel als Treibmassenstrom (3) entspannt. Durch die Geschwindigkeitszunahme in der Düse fällt der Druck ab und erzeugt so eine Saugströmung (10), welche den Verdampfer absaugt. Im Diffusor verringert sich die Geschwindigkeit der nun vermischten Saug- und Treibströmung, und es kommt zu einem Druckanstieg.

Im Feld wird der Ejektor zum Beispiel derzeit im Automobil (Toyota Prius; Kooperation mit Denso[1]) eingesetzt. Dieser ist nicht in einen R744-Kreislauf, sondern in eine PKW-Klimaanlage mit dem Arbeitsstoff R134a eingebunden.

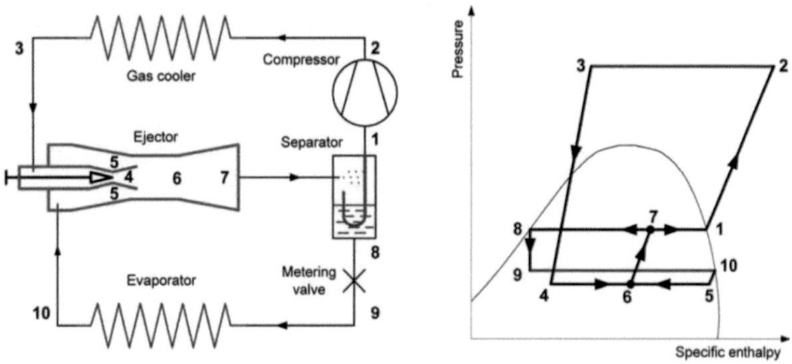

Abbildung 2.3: Beispiel zur Einbindung eines Ejektors in einen transkritischen CO_2-Prozess (Elbel (2011))

[1] Nach Anfrage bei Denso europe wurde als zitierbare Quelle `http://www.grimsby.ac.uk/documents/defra/tech-ejector.pdf` genannt. Abrufdatum: 23.01.2013

In der vorliegenden Veröffentlichung wird darauf hingewiesen, dass die Leistungszahl des Systems im Vergleich mit einer Kompressionskältemaschine ohne Ejektor geringfügig niedriger ist. Auch wird erwähnt, dass diese noch weiter fällt, wenn das System nicht am Auslegungspunkt betrieben wird. Aus dieser Aussage wird ersichtlich, welche Bedeutung der Regelung einer solchen Komponente beigemessen werden muss, da in der überwiegenden Zahl der Anwendungsfälle die Prozessdaten nicht mit denen der Auslegung übereinstimmen. Zur Regelung eines Ejektors werden häufig verstellbare Nadelventile vorgeschlagen. Das Nadelventil verändert die Fläche der fest eingebauten Düse. Elbel u. Hrnjak (2008) geben ein Verbesserungspotenzial im transkritischen Betrieb ($p_{HD} \approx 100\,\mathrm{bar}$) mit einem inneren Wärmeübertrager ($\eta_{\mathrm{IWÜ}} = 0,8$) und abgestimmter Kälteleistung von bis zu 18 % an.

Turbomaschine

Turbomaschinen spielen für die Entspannung von CO_2 derzeit noch keine signifikante Rolle. Heyl (1999) und Nickl (2007) weisen zum Beispiel auf die geringe Eignung einer Turbomaschine hin, da bei sehr geringen Abmessungen einer solchen Maschine zusätzlich hohe Umfangsgeschwingkeiten entstehen. Experimentelle Untersuchungen von anderen Wissenschaftler zeigen ebenfalls die stark eingeschränkte Eignung für R744.

Tondell (2006a) gibt z.B. Probleme aufgrund der geringen Abmessungen und der Notwendigkeit von geringen Spaltabmessungen an, nennt aber keine konkreten Werte. In einer weiteren Publikation von Tondell (Tondell (2006b)) sind Abmessungen für das Turbinenrad von 15 mm genannt.

Vortex- bzw. Wirbelrohr

Eine weitere Möglichkeit ist der Einsatz eines Wirbelrohrs. Der Effekt wurde 1933 von Ranque entdeckt und ist in Abbildung 2.4 dargestellt. In dem Rohr wird ein Gasstrom entspannt, wodurch es zu einer Verwirbelung kommt. In der Nähe der Rohrachse kann nach einer Blende abgekühltes Gas entnommen werden (Jungnickel u. a. (1990)). Versuche mit komprimierten Flüssigkeiten, welche aber vor dem Wirbelrohr teilentspannt werden müssen, werden zum Beispiel in Keller u. Göbel (1997) beschrieben.

In Mischner u. Bespalov (2002) wird ein Ansatz zur Berechnung der Effekte im Wirbelrohr vorgestellt. Beide Publikationen nennen jedoch keine Leistungszahlen. In Jungnickel u. a. (1990) werden Leistungszahlen von ca. 0,15 angegeben.

Eine mögliche Einbindung zeigt Süß (2001) in Abbildung 2.5, er beschreibt darin die Anordnung, welche anstelle des Entspannungsorgans eingesetzt wird, wie folgt: Das Kältemittel wird im Wärmeübertrager (WT) unterkühlt und dann mittels des Ventils D isenthalp auf einen Abscheiderdruck expandiert. Die Flüssigkeit wird über das Ventil RV3 auf Verdampferdruckniveau entspannt. Der im Abscheider abgetrennte Dampfgehalt wird dem Wirbelrohr (KWR) zugeführt und unterkühlt zuvor im Wärmeübertrager WT die

Flüssigkeit. Im Wirbelrohr erfolgt die Trennung in einen warmen Teilstrom, der im Wärmeübertrager WK gegen die Umgebung gekühlt wird und in einen kalten Teilstrom. Am Austritt des KWR erfolgt die Vereinigung des, aus dem Wirbelrohr austretenden, kalten Strom mit dem zuvor gekühlten Strom aus dem Wärmeübertrager WK. Anschließend wird dieser auf Verdampfungsdruckniveau entspannt.

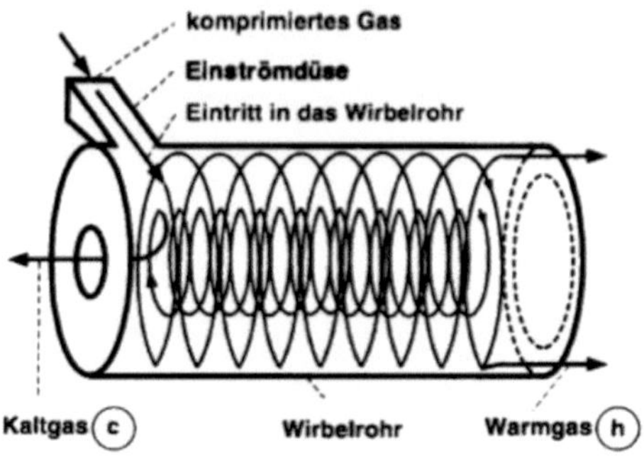

Abbildung 2.4: Aufbau eines Wirbelrohres (Mischner u. Bespalov (2002))

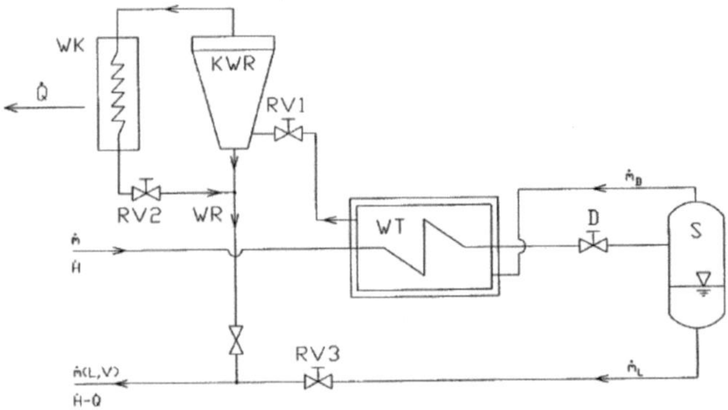

Abbildung 2.5: Einsatz eines Wirbelrohres (Süß (2001))

Verdränger-Prinzip

Kolbenexpander

Exemplarisch seien aus Tabelle 2.1 unterschiedliche Beispiele für Kolbenexpander dargestellt, welche auch im Kälteprozess eingesetzt werden. Der Hubkolbenexpander spielt eine bedeutende Rolle im Bereich der Entspannungsmaschinen. Diese Bauart wurde bereits

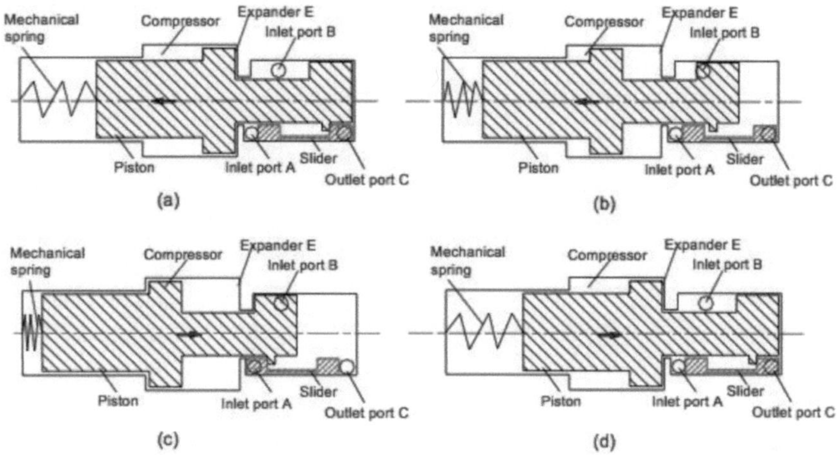

Abbildung 2.6: Kolbenexpander mit Energiespeicher für CO_2 (Liu u. a. (2007))

mit Erfindung der Dampfmaschine zur Entspannung von Gasen genutzt, und ist heute zum Beispiel in Verbrennungsmotoren zu finden. Aufgrund dieser Entwicklung sind viele Eigenschaften zur Zwangssteuerung der Ein- und Auslassorgane bereits bekannt und mehrfach im Praxiseinsatz erprobt und wurden, wie Tabelle 2.3 zeigt, von verschiedenen Wissenschaftlern untersucht.

Liu u. a. (2007) untersuchen einen für den transkritischen Prozess entwickelten Kolbenexpander in einer Testanlage mit Luft und geben für den Gütegrad der Maschine 62 % an. Die Frequenz des Expanders variiert von 10 bis 17 Hz. Zur Realisierung eines Energiespeichers, wie er bei Kolbenverdichtern mit Kurbeltrieb beispielsweise durch ein Schwungrad realisiert wird, führten Liu u. a. (2007) für den vorgestellten Kolbenexpander eine Feder ein. Abbildung 2.6 zeigt diese Feder und einen Flachschieber, der zur Steuerung der Ein- und Auslässe des Expanders verwendet wird.

Die Entwicklungen im Bereich der Kolbenentspannungsmaschinen griffen auch Kruse u. a. (2006) und Martin (2005) auf und konstruierten einen Expander zur Integration in den CO_2-Prozess nach dem Prinzip von Doll und Eder. Das Prinzip von Doll und Eder wurde zuerst in der Kryotechnik zur Entspannung von Helium eingesetzt. Der Vorteil dieser Maschine liegt in der Betriebsweise begründet. Anstelle von Ventilen werden Schlitze zur Steuerung der Ein- und Auslässe genutzt. In Abbildung 2.7 (a) ist das Wirkprinzip des Expanders dargestellt. Von den Autoren wurde im Rahmen eines Forschungsvorhabens der in Abbildung 2.7 (b) gezeigte Prototyp konstruiert und getestet. Hierbei handelt es sich um einen modifizierten, offenen Hubkolbenverdichter bei dem der Expander und der Verdichter auf einer Kurbelwelle arbeiten und somit die gleiche Drehzahl besitzen. Im Auslegungsfall liegt diese bei 1450 min^{-1}. Martin (2005) beschreibt eine ungeklärte Ein-

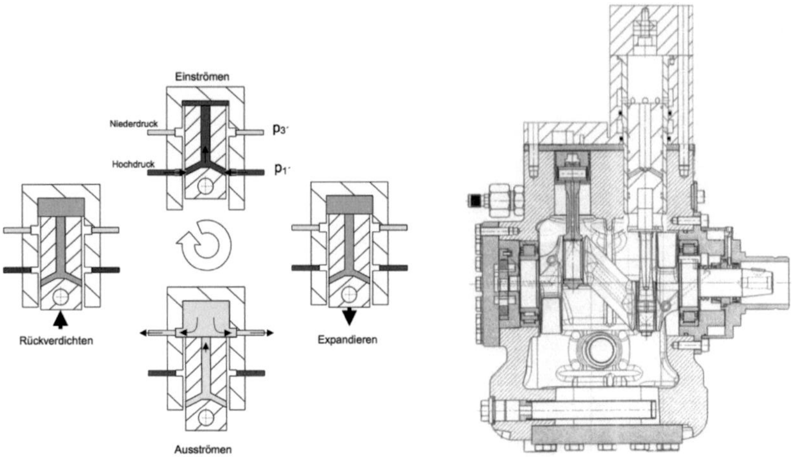

(a) Funktionsprinzip nach Doll und Eder (b) Ausgeführter Prototyp

Abbildung 2.7: Kombination von Expander nach dem Prinzip von Doll und Eder und Verdichter für CO_2 (Martin (2005))

schnürung im p,V-Diagramm bei der transkritischen Betriebsweise mit Entspannung in das Naßdampfgebiet unter Verwendung dieser Schlitzsteuerung und den damit geringen indizierten Gütegraden von 10 ... 15 %. Im subkritischen Betriebsfall wurden laut dieser Publikation indizierte Gütegrade von bis zu 49 % im Gasgebiet messtechnisch erreicht. Der grundsätzliche Nachteil wird mit der prinzipbedingten Rückentspannung begründet. Der Autor weist auf die Notwendigkeit von geringen Spaltbreiten[2] und den damit, in Abhängigkeit vom Entspannungsverhältnis, fallenden Gütegrad der Maschine hin.

Hattori u. a. (1998) patentierten einen Rollkolbenexpander. Die Besonderheit zu den oben genannten Entwicklungen stellt die im Patent genannte Hermetisierung des Expanders dar. Zur konzentrischen Bewegung des inneren Kolbens wird eine Exenterwelle genutzt. In dem zitterten Patent wird ein nicht genauer erläuterter Timer erwähnt, der den Einlass zum Einströmen von Gas öffnet.

Die durch Heyl u. Quack (1999) vorgeschlagene und durch Nickl (2007) weiterentwickelte kombinierte Expander-Kompressor-Einheit arbeitet nach dem Volldruckprinzip und ist als Freikolbenmaschine ausgeführt. Eine Arbeitsweise nach dem Volldruckprinzip bedeutet, dass der Arbeitsraum bis zum Ende des Hubes gefüllt, anschließend der Auslass geöffnet und ebenfalls über den kompletten Hub ausgeschoben wird. Aus der Bauweise als Freikolbenmaschine folgt, dass die Kolben des Kompressors und Expanders mittels einer Kolbenstange verbunden sind. Da diese Entwicklungen die Grundlage der in dieser

[2] Spaltbreite der Maschine von Doll und Eder zur Entspannung von Helium: 1,3 ... 1,5 μm (Martin (2005))

Arbeit verwendeten Maschine darstellt, werden die Prototypen von Heyl und Nickl am Ende dieses Kapitels gesondert vorgestellt.

Scrollexpander

Scrollmaschinen besitzen den Vorteil, dass sie ventillos betrieben werden können. Bedingt durch die verhältnismäßig große Spaltfläche zwischen der feststehenden und der orbitierenden Scroll wirken sich große Druckdifferenzen, wie sie bei Kohlenstoffdioxid entstehen, nachteilig auf die Leckageverluste aus. Diese Verluste können durch einen Ölfilm vermindert werden. Dies kann bei der Installation eines Ölabscheiders zu Problemen führen, da ohne zusätzliches Ölsystem die Abdichtung und Schmierung der Maschine nicht gewährleistet ist. Ein von Nagata u. a. (2010) entwickelter und experimentell untersuchter Scroll für den Kälteprozess mit CO_2 ist in Abbildung 2.8 dargestellt. Die experimentellen Untersuchungen von Nagata u. a. (2010) zeigen unter der Annahme einer isentropen Entspannung eine Steigerung der Leistungszahl um bis zu 30 % im transkritischen Betriebsfall (Hochdruck ca. 90 bar). Fukuta u. a. (2006) geben Gütegrade für einen Scrollexpander im Bereich von 48 bis über 70 % in Abhängigkeit der Umdrehungsgeschwindigkeit (2125 bis 3750 min^{-1}) bei einem Hochdruck von 100 bar an. Der Expander entspannt direkt von Hoch- auf Verdampfungsdruck.

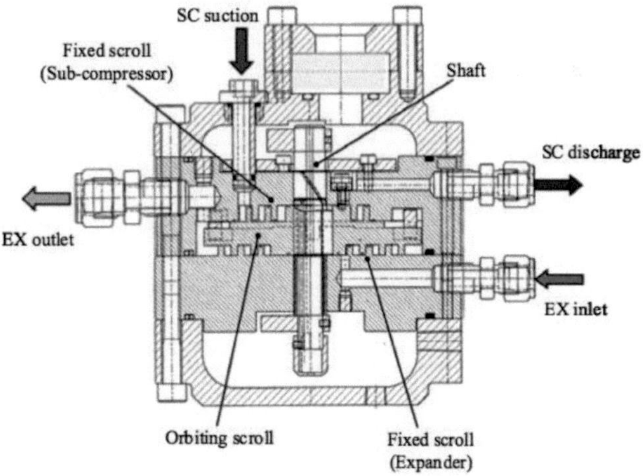

Abbildung 2.8: Scrollexpander für CO_2 (Nagata u. a. (2010))

Schraubenexpander

Schraubenentspannungsmaschinen werden derzeit noch eine geringe Bedeutung beim Einsatz in R744-Kälteanlagen beigemessen. Für R134a und für ORC-Anlagen sind Publikationen bekannt, in denen theoretische und experimentelle Untersuchungen diskutiert werden.

Kunicic u. Hartmann (2003) stellen zum Beispiel einen Schraubenexpander für R134a vor. Stosic u. a. (2002) beschreiben den Aufbau eines Expanders in Kombination mit einem Verdichter für CO_2. Dieser ist in Abbildung 2.9 dargestellt. Wie auch die Scrollmaschine besitzt die Schraube den Vorteil, dass keine Ventile benötigt werden. Jedoch ist auch hier ein Ölfilm zur Abdichtung zwischen Rotor und Stator zwingend notwendig.

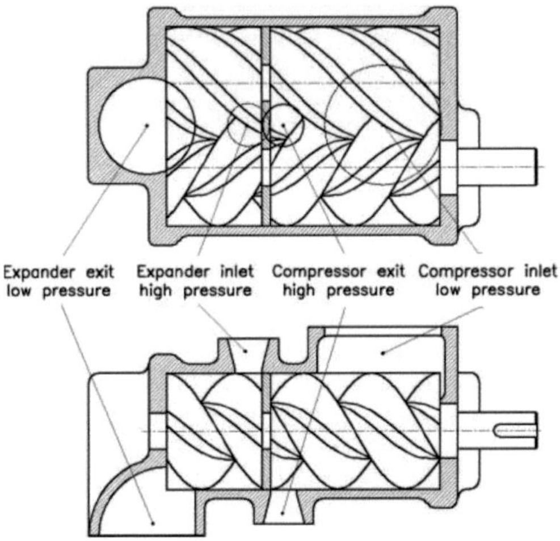

Abbildung 2.9: Schraubenexpander-Kompressor (Stosic u. a. (2002))

Patentübersicht

Tabelle 2.2 gibt einen Überblick über Patente aus dem Bereich der Entspannungsmaschinen. Hierbei handelt es sich um einen Auszug, der deutlich macht, dass nahezu alle vorgestellten Prinzipien genutzt werden können. Ob diese immer sinnvoll einzusetzen sind, wird hier nicht bewertet. Es sind lediglich die in der Literatur am häufigsten verwendeten Maschinen genannt.

Tabelle 2.2: Auswahl an Patenten zu Entspannungsmaschinen

Expandertyp	Quelle	Beschreibung
Ejektor	Ogata u. a. (2010)	Beschreibt einen Ejektor mit veränderlicher Düse
	Higashiiue u. a. (2010)	Verstellbare Mischkammer (Motive nozzle)
	MacCracken (1988)	Einbindung eines Ejektors in einen Kreislauf
	Whaling u. a. (2012)	Ejektor mit variabler Geometrie zur Kombination mit einer Gasturbine

Tabelle 2.2 – Fortsetzung

Expandertyp	Quelle	Beschreibung
	Schott u. a. (2012)	Anpassung des Ejektors zur Geräuschminderung
Kolben	Smith Jr (2001)	Cryocooler
	Nickl (2006)	kombinierter Expander/Verdichter mit Schiebersteuerung
	Hattori u. a. (1998)	Rollkolben hermetisiert
	Richter u. a. (2009)	Entspannungsmaschine für ein Fahrzeug als Dampfmotor zur Traktion (Wankelexpander)
Scroll	Tang u. Bush (2003)	kombinierter Expander/Verdichter
	Masayuki u. a. (2008)	Zwei fest und ein orbitierender Scroll zur direkten Nutzung der Entspannungsarbeit
	Kim u. a. (2006)	Kombinierter Expander/Kompressor mit Wärmeabgabefläche; stationärer Scroll verbunden mit Gehäuse
	Akira u. a. (2012)	Expander unter Beachtung der Ölzufuhr zur Schmierung
	Kim (2006)	kombinierter Scrollexpander zum Antrieb eines Dynamos
Schraube	Tang u. Bush (2003)	kombinierter Expander/Verdichter
	Yoshimura (2012)	Komplettes System mit Ölabscheider ohne Ölpumpe
	Kun u. Nenov (1994)	trockenlaufend, Gasdichtung an der Welle, N_2 Gewinnung
	Brasz (2001)	Zwillingsschraube
	Tang u. Brasz (2008)	kombinierter Expander/Verdichter

Für alle eingangs genannten Bauarten zur arbeitsleistenden Entspannung gelten nachfolgende Anforderungen, wenn sie in einen Kältekreislauf mit Kohlenstoffdioxid eingebunden werden:

1. Beständigkeit der Dichtelemente gegen Kohlenstoffdioxid (z.B.: Dekompressionsfestigkeit)

2. Resistenz gegen hohe Anlagendrücke

3. Erhöhte Anforderung an die äußere und innere Dichtheit aufgrund der signifikanten Druckunterschiede zwischen dem Verdampfungsdruck p_0 und dem Hochdruck p_{HD}

4. Möglichkeit der Hochdruckregelung im transkritischen und subkritischen Betriebsfall

5. Anpassung der Maschine an, vom Auslegungspunkt abweichende, Betriebsbedingungen (Regelung)

Während zum derzeitigen Entwicklungsstand die Punkte 1 bis 3 von allen Standardkomponenten, wie zum Beispiel Ölabscheider, Wärmeübertrager, Filtertrockner usw. erfüllt sein müssen, können die Erfahrungen bei der Entwicklung auch auf Entspannungsmaschinen übertragen werden. Ein besonderes Augenmerk ist auf Punkt 4 und 5 zu richten, um den gesteigerten Aufwand bei der Installation durch einen energetischen Nutzen (höhere Leistungszahl im Vergleich zum Prozess mit Entspannungssventilen) in einem weiten Betriebsbereich, rechtfertigen zu können.

Inwieweit in den Forschungen bzw. in den daraus resultierenden Veröffentlichungen diese Punkte Beachtung finden und welche Expander nur in der Theorie untersucht wurden, soll Tabelle 2.3 deutlich machen. Diese gibt einen Überblick über den Stand der Technik bei Entspannungsmaschinen für des Kältemittel CO_2.

Tabelle 2.3: Überblick über den Stand der Entwicklungen bei Entspannungsmaschinen für Kohlenstoffdioxid

Quelle	Art der Anwendung	Sub./ Trans.	Exper./ Theor.	Regelung
Robinson u. Groll (1998)	Entspannungsturbine	trans.	Theor.	–
Heyl (1999)	kombinierter Kolbenexpander/Verdichter	trans.	beides	–
Maurer u. Zinn (1999)	Zahnrandexpander und Axialkolbenmaschine mit Leistungsauskopplung aus dem Prozess	trans.	beides	–
Yitai u. a. (1999)	Untersuchung verschiedener Typen	trans.	Theor.	–
Huff u. Radermacher (2003)	Vergleich verschiedener Typen	trans.	Theor.	–
Huff u. a. (2003)	Scrollexpander	trans.	Exper.	–

Tabelle 2.3 – Fortsetzung

Quelle	Art der Anwendung	Sub./ trans.	Exper./ Theor.	Regelung
Zha u. a. (2003)	Rollkolben	trans.	beides	–
Quack u. a. (2004)	Integration einer Expander-Kompressor-Einheit in den Prozess	trans.	Theor.	–
Martin (2005)	Kolbenexpander mit Schlitzsteuerung	sub. im Gasgebiet und trans.	beides	–
Baek u. a. (2005a) und Baek u. a. (2005b)	Kolbenexpander	trans.	beides	–
Rewers (2005)	Zahnradexpander	trans.	beides	berechnet
Fukuta u. a. (2006)	Scrollexpander	trans.	beides	–
Haiqing u. a. (2006)	Rollkolben mit Generator gekoppelt	beides	–	
Tondell (2006b)	Turbine	trans.	beides	–
Liu u. a. (2007)	Freikolbenbauweise mit Federsystem	–	Exper. mit Luft	–
Nickl (2007)	Freikolbenbauweise mit Möglichkeit der Frequenzregelung	trans.	beides	–
Yang u. a. (2007)	Gegenüberstellung verschiedener Typen		Theor.	–
Elbel (2007)	Ejektor mit optimierter Packung	trans.	beides	–
Riha (2007)	Untersuchung verschiedener Anwendungsfälle mit ECU	sub. und trans.	beides	–
Liu u. Groll (2008)	Ejektor	trans.	beides	–

Tabelle 2.3 – Fortsetzung

Quelle	Art der Anwendung	Sub./ trans.	Exper./ Theor.	Regelung
Yang u. a. (2009)	Flügelzelle	sub. und trans.	Exper.	–
Nagata u. a. (2010)	Kombination Scrollexpander und Scrollverdichter	trans.	beides	–
Guangming u. a. (2010)	Ejektor	sub. und trans.	beides	–
Cen u. a. (2012)	Prozess mit zwei Ejektoren	trans.	beides	–
Lucas u. a. (2013)	Simulation des Prozesses mit Ejektor und Validierung der berechneten Werte	trans.	beides	–

2.1.1 Fazit der Recherche und offene Fragestellungen

Bei der Auswertung von Tabelle 2.3 wird deutlich, dass ein Großteil der untersuchten Expander:

- nur im transkritischen Betriebsfall der Anlage vermessen worden sind,
- dass die Regelung, welche für einen ganzjährig energetischen Betrieb nötig ist, bisher keine Beachtung erhielt bzw. unzureichend untersucht wurde.

Die Ergebnisse der Recherche zeigen deutlich, dass weitere Untersuchungen und die Entwicklung einer Regelstrategie sowie deren Umsetzung für den praktischen Einsatz zwingend notwendig sind und unter Beachtung des sub- und transkritischen Betriebes erfolgen muss. Um den Wissensstand bezüglich der dargelegten Punkte zu erweitern, setzt die vorliegende Arbeit hier an.

Grundlage der vorliegenden Arbeit bilden die Entwicklungen von Heyl (1999) und Nickl (2007) zur kombinierten Expander-Kompressor-Einheit der TU Dresden, welche nachfolgend beschrieben werden. Ebenfalls zu nennen ist die Arbeit von Riha (2007), welche sich unter anderem mit der Kombination von sub- und transkritischer Betriebsweise einer Expander-Kompressor-Einheit beschäftigt. In dieser Publikation wird kurz die Möglichkeit eines Massenstrombypasses um den Verdichterteil der Maschine genannt. Eine detaillierte Regelstrategie sowie experimentelle Untersuchungen und Berechnungen bei verschiedenen Prozessbedingungen wurden hierzu jedoch nicht durchgeführt.

2.2 Bisherige Prototypen der Expander-Kompressor-Einheit (ECU)

In diesem Abschnitt werden die einzelnen Prototypen für die Entwicklung einer Kombination aus Expander und Kompressor vorgestellt. Die Gemeinsamkeit aller Prototypen ist die Arbeitsweise nach dem Volldruckprinzip sowie die direkte Verbindung von Expander- und Kompressorkolben auf einer Kolbenstange (Freikolbenbauweise). Ebenfalls besitzen alle Typen selbsttätige (druckgesteuerte) Kompressorventile und aufgrund ihrer Bauart ein festes Volumenverhältnis zwischen Expander- und Verdichterteil.

2.2.1 Erster Prototyp

Da die resultierende Kraft zur Bewegung des Kolbenverbundes immer in die Bewegungsrichtung des Kolbenverbunds gerichtet sein muss und bei der gewählten Kombination und Anbindung des Kompressorteils an den Expander, nicht zu jedem Zeitpunkt ein Kraftüberschuss in Bewegungsrichtung funktionsbedingt zur Verfügung steht, ist es nicht immer möglich, ein sicheres Anlaufen der Maschine zu gewährleisten (Heyl (1999)). Als Möglichkeit zur Lösung dieses Problems wurde die Nutzung des Volldruckprinzips vorgeschlagen. Bei dieser Art der Entspannung bleibt das Einlassorgan bis zum Ende des Hubes geöffnet und bewegt sich dadurch arbeitsleistend. Im Anschluss schließt der Eintritt und es öffnet das Austrittsventil und der Arbeitsstoff wird über den kompletten Hub ausgeschoben. Ein charakteristisches Merkmal ist, dass die Zustandsänderung bei der Entspannung, eine ideale Maschine vorausgesetzt, eine Rechteckfläche im p,V-Diagramm beschreibt. Der Nachteil dieser Methode liegt darin begründet, dass die Ausnutzung der idealen (isentropen) Arbeit nicht möglich ist. Die durch Heyl entwickelte Expander-Kompressor-Einheit arbeitet nach diesem Prinzip und ist in Abbildung 2.10 dargestellt. Die Maschine ist symmetrisch aufgebaut und entspannt direkt von Hoch- auf Verdampferdruck. Aus der Auslegung für ein Druckniveau auf der Entspannungsseite folgt, dass beide Entspannungsstufen gleich groß sind. Zur Steuerung der Entspannungsstufen wird eine externe speicherprogrammierbare Steuerung (SPS) verwendet. Diese gibt ein Signal auf ein, mittels Druckluft geregeltes Ventil zur Betätigung des Ein- und Auslasses der Entspannungsstufe. Zur Bestimmung des Hubes wird eine Lichtschranke verwendet.

Für die weitere Entwicklung wichtig ist die Erkenntnis, dass im Betrieb bei der Entspannung in das Zweiphasengebiet keine Probleme festgestellt wurden. Der Veröffentlichung von Heyl u. Quack (1999) kann entnommen werden, dass bei einem im Stillstand durchgeführten Drucktest, keine Leckagen im Inneren festgestellt wurden. Dies bestätigt die gute Eignung einer Kolbenmaschine als Entspannungsmaschine für hohe Druckdifferenzen.

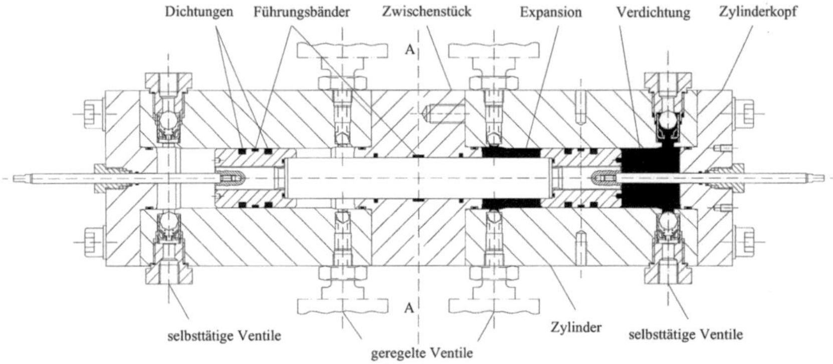

Abbildung 2.10: Erster Prototyp der ECU (Heyl (1999))

2.2.2 Zweiter Prototyp

Die Entwicklung von Nickl (2007) führt die Arbeit von Heyl fort und erweitert die Einheit mit einer aus der Dampfmaschinentechnologie stammenden Schiebersteuerung. Diese ersetzt die durch Heyl verwendete externe Steuerung der Ein- und Auslassorgane des Expanders durch eine Schieberkonstruktion. Durch diese Weiterentwicklung kann auf eine SPS und Fremdenergie zur Steuerung verzichtet werden, da ein Teilstrom, des in die erste Entspannungstufe eintretenden Massenstroms zur Steuerung genutzt wird. Die neu eingeführte Schieberkonstruktion besteht aus dem Hauptschieber (HaS) und dem Hilfsschieber (HiS). Der Haupstschieber bildet die Ein- und Auslassventile der Entspannungsstufen. Der Hilfsschieber hat die Funktion, den Hauptschieber in den Totlagen sicher umzusteuern (siehe Nickl (2007)).

Zusätzlich führt Nickl ein Nadelventil ein, mit dem es möglich ist, die Frequenz der Expander-Kompressor-Einheit manuell zu beeinflussen, indem die Totlagezeiten des Hauptschiebers verändert werden. Die von Nickl konstruierte Einheit besteht aus drei in Serie geschalteten Entspannungsstufen und einer Kompressionsstufe, wobei alle Kolben doppeltwirkend ausgeführt sind. Der Grund für die dreistufige Entspannung liegt in der Auslegung für einen transkritischen Betrieb mit direkter Entspannung von Hochdruck ($p_{HD} \approx 90\,\mathrm{bar}$) auf Verdampferdruck ($p_0 \approx 41\,\mathrm{bar}$) begründet, da bei einer solch hohen Druckdifferenz die Verluste der Volldruckentspannung durch die Mehrstufigkeit verringert werden können. Analog zu Heyl u. Quack (1999) führte auch Nickl Leckagetest (Druckbeaufschlagung im Stillstand) durch. Hierbei wurden deutliche Leckageströme festgestellt. Als Ursache gibt Nickl den Einfluss der mechanischen Bearbeitung und Undichtigkeiten zwischen den einzelnen Segmenten an.

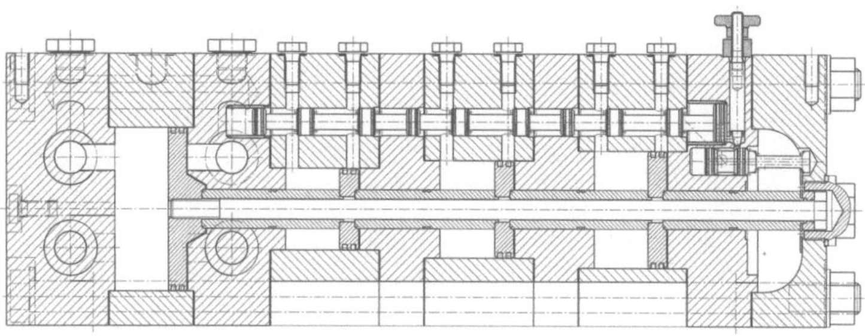

Abbildung 2.11: Zweiter Prototyp der ECU (Nickl (2007))
Kompressorteil, erste Entspannungsstufe, zweite Entspannungsstufe, dritte Entspannungsstufe, Mitnehmerzylinder mit HiS (v. l. n. r.); oben liegender HaS

2.3 Einbindung der Expander-Kompressor-Einheit in den Prozess

Eine häufig vorkommende Anlagenkonfiguration bei Gewerbekälteanlagen ist die Verwendung eines Mitteldruckabscheiders (MDA). In diesem wird das vom Hochdruckniveau entspannte zweiphasige Kältemittel in eine flüssige und gasförmige Phase separiert. Die Flüssigkeit wird anschließenden den Verdampfern zugeführt. Dem überhitzen Kältemittel aus den Verdampfern (Kühlstellen) wird der entspannte trocken gesättigte Dampf aus dem Abscheider zugemischt und vom Verdichter angesaugt. Dieser verdichtet das Kältemittel wieder auf Hochdruck bevor es im Verflüssiger kondensiert wird. Zusätzlich kann ein innerer Wärmeübertrager zur Unterkühlung der Flüssigkeit und Überhitzung des aus dem Mitteldruckabscheider entstehenden trocken gesättigten Dampfes verwendet werden. Eine solche Schaltung für einen EXV-Prozess stellen z.B. Haaf (2002), Hieble u. Javerschek (2011) und Gernemann (2003) vor. Die Vorteile sind im Wesentlichen die Reduzierung des Anlagendrucks an den Kühlstellen und die Erhöhung des spezifischen Enthalpiegefälles für die Verdampfer. Nachteilig auf die Leistungszahl wirkt sich der Massenstrom des Dampfes aus, der im wesentlichen von dem in den Abscheider eintretenden Dampfgehalt abhängt.

Eine in der Literatur häufig vorkommende Variante der Einbindung eines Expanders ist die in Abbildung 1.9 dargestellte (vgl.: Heyl (1999), Nickl (2007)). Die direkte Kopplung von Expander und Kompressor hat den Vorteil, dass sich Übertragungsverluste wie zum Beispiel beim Antrieb eines Generators reduzieren lassen (Heyl (1999)). Der Mitteldruckabscheider eröffnet eine weitere Möglichkeit zur Einbindung einer ECU. Diese wurde von Quack u. a. (2004) theoretisch beschrieben und ist in Abbildung 2.12 (a) dargestellt. Der Expander entspannt das Kältemittel in diesem Fall von von Hoch- auf Mitteldruck (Druck im Abscheider). Das Mitteldruckregelventil entspannt den im Abscheider entstehenden Dampfgehalt auf das Druckniveau der Verdampfer. Dieser Massenstrom wird auch üblicherweise als Flashgas bezeichnet. Wie Abbildung 2.12 (b) zeigt, kann auch das Mitteldruckregelventil durch eine arbeitsleistende Entspannung ersetzt werden, um die Leistungszahl des Prozesses weiter zu erhöhen. Zusätzlich ist ein innerer Wärmeübertrager (IWÜ) zu sehen, welcher die aus dem Mitteldruckabscheider austretenden Kältemittelflüssigkeit im Gegenstrom zum entspannten Flashgas unterkühlt.

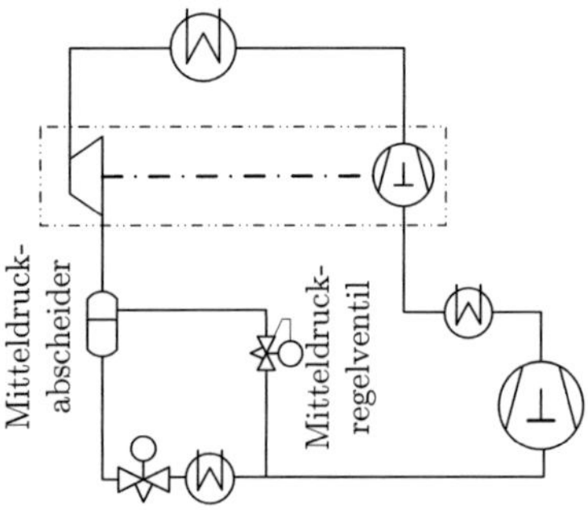

(a) Integration einer einstufigen ECU

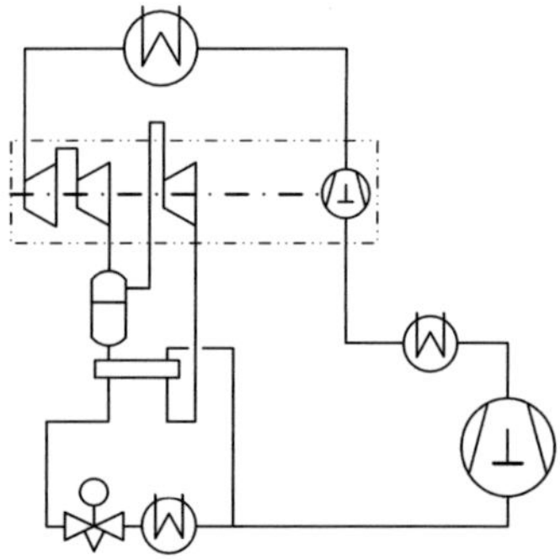

(b) Integration einer mehrstufigen ECU

Abbildung 2.12: Möglichkeiten zur Einbindung einer Expander-Kompressor-Einheit in Supermarktkälteanlagen mit Mitteldruckabscheider (Quack u. a. (2004))

3 Versuchstechnik

In diesem Kapitel werden die zur experimentellen Untersuchung verwendeten Kälteanlagen sowie der aktuelle Prototyp der Expander-Kompressor-Einheit vorgestellt. Bei beiden Anlagentypen handelt es sich um Supermarktkälteanlagen, also um Anlagen der Gewerbekälte. Ein Prototyp der ECU wurde in der weltweit ersten Feldtestanlage in einem Schweizer Cash & Carry Markt integriert. Ein zweiter Prototyp wurde in einer Versuchs- und Demonstrationsanlage installiert. Bei beiden Kälteanlagen handelt es sich um Systeme, welche trans- und subkritisch arbeiten können. Sie haben außer dieser Betriebsweise folgende Gemeinsamkeiten:

- Verdichterverbund mit zwei frequenzgeregelten Verdichtern
- Luftbeaufschlagte Gas- und Zwischenkühler
- Mitteldruckabscheider
- Hoch- und Mitteldruckregelventil parallel zu den Entspannungsstufen
- Innere Wärmeübertrager (IWÜ)
- Prozessleitsystem zur Implementierung der Steuer- und Regelfunktionen sowie der Sicherheitsschaltungen und der Messdatenerfassung

Der Druck, bei dem dampfförmiges Kältemittel durch Abführen von Wärme verflüssigt wird, wird als Verflüssigungs- oder Kondensationsdruck und der zugehörige Wärmeübertrager als Verflüssiger bezeichnet. Da die hier vorgestellten Anlagen auch transkritisch betrieben werden können, hat sich für den transkritischen Betrieb der Name Gaskühler etabliert. Der Druck im Wärmeübertrager wird dann auch allgemein als Hochdruck p_{HD} bezeichnet. Die Wahl der Komponenten des Kälteprozesses, wie auch der Steuer- und Regelmodule, erfolgte für beide Projekte voneinander unabhängig. Durch die parallele Installation der Expander-Kompressor-Einheit zu den Hoch- und Mitteldruckregelventilen ist bei beiden Anlagen ein direkter messtechnischer Vergleich von EXV- und ECU-Betrieb möglich. In der in Abschnitt 3.1 vorgestellten Feldtestanlage (NK-Anlage) ermöglicht dies so zusätzlich eine Redundanz bei eventuellen Störungen im ECU- bzw. im EXV-Betrieb, da in diesem Feldversuch die Anlage immer sicher Kälte bereitstellen muss. Bei dem Bau der Versuchs- und Demonstrationsanlage war es zusätzlich zu dem Versuchen mit ECU gefordert, weitere Untersuchungen des Projektpartners an transkritisch arbeitenden Kälteanlagen durchzuführen. Hierdurch erhielt die Anlage, bedingt durch die Aufgabenstellung, den Charakter einer Versuchsanlage.

3.1 Feldtestanlage im Schweizer Cash & Carry Markt

Ein Prototyp der Expander-Kompressor-Einheit wurde erstmalig in eine Feldtestanlage integriert. Ein vereinfachtes Fließbild ist in Abbildung 3.1 zu sehen. Bei dieser Anlage handelt es sich um eine Kälteanlage mit nur einem Verdampfungsdruckniveau in einem Schweizer Supermarkt. Die hier vorgestellte Kälteanlage wird auch als Normalkühlanlage (NK-Anlage) bezeichnet, da die Verdampfung bei einer Temperatur von t_0 = -10 °C stattfindet. Die Anlage ist für eine Kälteleistung von 120 kW bei einer Aussentemperatur von 35 °C ausgelegt. Im Fließbild zu erkennen ist ein Verdichterverbund mit insgesamt vier Verdichtern. Um die Regelung der Expander-Kompressor-Einheit zu ermöglichen, wurde zusätzlich zu einem vorhanden frequenzgeregelten Verdichter ein weiterer Verdichter mit einem Frequenzumformer ausgestattet. Die übrigen Verdichter werden mit einer konstanten Drehzahl betrieben und bei Bedarf zu- oder abgeschaltet. Die einzelnen Verdichter können mittels der automatisierten Ventile A bis D das Kältemittel entweder direkt auf Hochdruck (Druck im Gaskühler) oder auf Zwischendruck (Druck im Zwischenkühler)

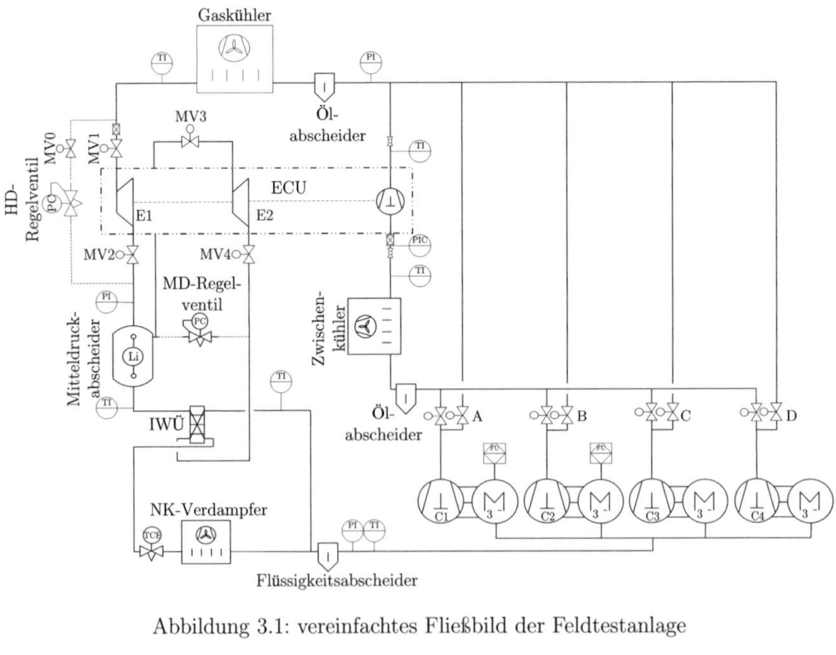

Abbildung 3.1: vereinfachtes Fließbild der Feldtestanlage

verdichten. Die Ventilatoren beider Kühler werden frequenzgeregelt betrieben. Die Abgabe der Wärmeleistung erfolgt an die Umgebungsluft. Die Schaltung der Ventile richtet sich zum einen nach der gewählten Betriebsart EXV oder ECU und zum anderen nach der Anforderung des Reglers der Expander-Kompressor-Einheit. Im EXV-Betrieb wird das Kältemittel immer direkt auf Hochdruck verdichtet. Im ECU-Betrieb ist es durch die beiden frequenzgeregelten Verdichter und die automatisierten Ventile möglich, einen Teilmassenstrom um den Verdichterteil der ECU zu leiten, um diesen zu regeln. In diesem Betriebsfall wird der Gesamtmassenstrom so aufgeteilt, dass in Abhängigkeit der Überhitzung am Saugstutzen des Verdichterteils der Expander-Kompressor-Einheit ein Teilmassenstrom auf den Verdichterteil gefördert und ein Teilmassenstrom direkt auf Hochdruck verdichtet wird.

In Abbildung 3.2 ist der Verdichterverbund mit horizontal installierter ECU abgebildet. Aufgrund der Implementierung zweier unterschiedlicher Regelstrategien (A und B) wurden in dieser Anlage zwei Ölabscheider installiert. Für die im Folgenden beschriebene Regelstrategie B wäre analog zu der zweiten Anlage mit Expander-Kompressor-Einheit ein Ölabscheider direkt vor dem Gaskühler ausreichend. Da aber bei der Regelstrategie A im Zwischenkühler Kältemittel kondensieren kann, muss zuvor das Öl aus diesem Massenstrom abgeschieden werden. Über ein Ölverteilungssystem wird das abgeschiedene Öl dem Kurbelgehäuse der Verdichter wieder zugeführt. Die Expander-Kompressor-Einheit besitzt im Vergleich zu den Verdichtern des Verbundes keine eigene Ölversorgung. Aus diesem Grund wurde in der Feldtestanlage eine automatisierte Einspeisung eines geringen Ölmassenstroms in alle Eintritte der jeweiligen Stufen vorgesehen. Hierfür werden über eine Steuerung, zeitlich frei wählbar, Magnetventile angesteuert.

Nach der Abkühlung bzw. Kondensation und Unterkühlung im subkritischen Betrieb wird das CO_2 in Abhängigkeit der Betriebsart entweder mittels der ersten Entspannungsstufe (E1) oder durch das Hochdruckregelventil auf das Mitteldruckniveau des Abscheiders entspannt. Die hier abgeschiedene Flüssigkeit wird im inneren Wärmeübertrager unterkühlt, anschließend zu den Entspannungsventilen der Kühlstellen geleitet, dort verdampft und überhitzt. Die zweite Entspannungsstufe (E2) oder das Mitteldruckregelventil entspannen den bei Mitteldruck entstehenden Dampfmassenstrom, das sogenannte Flashgas, auf das Druckniveau der Verdampfer. Dieser Massenstrom wird im inneren Wärmeübertrager im Gegenstrom zu der, aus dem Abscheider austretenden, Kältemittelflüssigkeit verdampft bzw. überhitzt und nach dem Verdampfer dem überhitzten Kältemittelmassenstrom aus den Verdampfern beigemischt. Der Verdichterverbund saugt das Kältemittel über einen Flüssigkeitsabscheider an. Zusätzlich zu den automatisierten HD- und MD-Regelventilen sind aus Gründen der Redundanz mechanische Ventile zur Regelung des Hoch- und Mitteldruckes installiert. Diese sind nicht im Fließbild dargestellt. Im Betrieb mit Expander-Kompressor-Einheit wird bei der Entspannung in beiden Entspannungsstufen Arbeit gewonnen. Diese Arbeit wird dem Prozess nach dem Zwischenkühler durch den

Abbildung 3.2: Ausschnitt aus der Schweizer Feldtestanlage mit Verdichterverbund und horizontal installierter ECU

Verdichterteil der ECU wieder zugeführt. Dieser verdichtet das Kältemittel von Zwischendruck auf Hochdruck. Die Eintritte der ersten Entspannungsstufe und des Verdichterteils der Expander-Kompressor-Einheit wurden mit Filtern ausgestattet. Da vor der zweiten Entspannungsstufe der Mitteldruckabscheider installiert ist, wird an dieser Stelle auf einen Filter verzichtet. Für die Regelung des Verdichterteils der ECU sind in dieser Anlage zwei unterschiedliche Regelstrategien vorgesehen.

- **Regelstrategie A:**
  In dieser Regelart wird der komplette Massenstrom auf den Verdichterteil der ECU geleitet. Um den Gesamtmassenstrom fördern zu können, muss, aufgrund des eingebauten Volumenverhältnisses von Expander zu Verdichterteil, der Zwischenkühler im subkritischen Betrieb in das Zweiphasengebiet kondensieren. Diese Regelstrategie wird in der vorliegenden Arbeit nicht weiter untersucht, da in einzelnen Betriebsbedingungen, z.B. wenn keine Druckdifferenz über den Verdichterteil der ECU aufgebaut werden kann, zweiphasiges Kältemittel in den Ölabscheider (Eintritt in den Gaskühler) gelangen kann, was zu Problemen im Betrieb führt. Die Möglichkeit wurde dennoch z.B. für den transkritischen Betriebsfall vorgesehen, da sich der Aufwand zur Integration lediglich auf die Programmierung der Software erstreckte.

- **Regelstrategie B:**
  Bei dieser Strategie wird sofern nötig, ein Teilmassenstrom um den Verdichterteil der ECU geleitet. Hierfür werden zusätzlich zu den zwei frequenzgeregelten Verdichtern, die in Abbildung 3.1 dargestellten, automatisierten Ventile A bis D genutzt. Zusätzlich müssen auch die benachbarten Ventile, mittels einer Master-Slave-Schaltung geschaltet werden. Ebenfalls ist ist möglich ein Ventil an Verdichter Vd2 und Vd4 dauerhaft zu schließen und so auf zwei zusätzliche Motorventile zu verzichten, da der

Verdichter Vd2 und Vd4 sowohl im EXV- wie auch ECU-Betrieb das Kältemittel auf Hochdruck verdichtet. Die Motorventile MV0 bis MV4 dienen der automatisierten Umschaltung zwischen ECU- und EXV-Betrieb. Kann eine dichte Maschine vorausgesetzt werden, ist es möglich, auf die Ventile MV2 und MV4 zu verzichten.

Beide Regelstrategien ermöglichen zusätzlich die automatisierte Regelung der Frequenz der ECU.

Da es sich bei dieser Anlage um den ersten Feldtest der Expander-Kompressor-Einheit unter realen Lastbedingungen mit einem Jahresgang der Temperatur handelt, wurde zusätzlich zur Steuer- und Regelfunktion eine von der Kälteanlage unabhängige SPS zur Überwachung des Betriebes der ECU integriert, sodass im Störfall automatisiert von ECU- auf EXV-Betrieb umgestellt werden kann.

Messtechnik der Feldtestanlage

Um den Prozess mit Expander-Kompressor-Einheit bewerten zu können, wurde folgende Messtechnik in die Anlage integriert:

- Druckmessung: piezoresistive Drucktransmitter
- Temperaturmessung: NTC als Anlegefühler

Zusätzlich zu den in Tabelle 3.1 angegebenen Messstellen wurden durch den Projektpartner noch Mess- und Sicherheitstechnik zur Überwachung des ordnungsgemäßen Betriebes der Anlage implementiert. Auf Messtechnik zur Bestimmung von Massenstrom und Leistung musste in diesem Projekt aus Kostengründen verzichtet werden. Aus diesem Grund wurde zur Berechnung auf Polynome des Verdichterherstellers zurückgegriffen.

Tabelle 3.1: Verwendete Messtechnik in der Schweizer Feldtestanlage einschließlich der zugehörigen Messunsicherheiten

Messstelle	Unsicherheit
Mitteldruck im Abscheider	$\pm 0,5$ % (FS; 200 bar)
Hochdruck	$\pm 0,5$ % (FS; 120 bar)
Verdampfungsdruck	± 1 % (FS; 60 bar)
Temperatur am Austritt Verdichter, ZK und GK	$\pm 1,5$ K
Temperatur	$\pm 0,5$ K
Temperatur des IWÜ	$\pm 1,5$ K
Prozessleitsystem (Druck)	± 1 %
Prozessleitsystem (Temperatur)	$\pm 0,7$ K

3.2 Versuchs- und Demonstrationsanlage

In Zusammenarbeit mit einem weiteren Projektpartner wurde im Rahmen eines gemeinsamen Forschungsprojektes eine transkritisch arbeitende Versuchs- und Demonstrationsanlage für einen Test-Supermarkt mit Expander-Kompressor-Einheit aufgebaut. Ein Fließbild dieser Anlage ist in Abbildung 3.3 dargestellt. Da die Anlage einen kompletten Supermarkt nachbilden soll, wurden zwei Verdampfungsdruckniveaus in einem Prozess integriert. Die Anlage wurde, ohne Berücksichtigung des Wärmepumpenverdampfers, für eine Kälteleistung in der Tiefkühlstufe von ca. 10 kW bei einer Verdampfungstemperatur von −35 °C und einer Kälteleistung von ca. 20 kW (Verdampfungstemperatur von − 10 °C) für die Normalkühlung bei einer Aussentemperatur von 35 °C ausgelegt.

Aufgrund der Verwendung als Versuchsanlage konnte die Kälteanlage verschiedene Erweiterungsstufen durchlaufen, welche zu dem hier beschriebenen und in Abbildung 3.3 dargestellten Stand führten. Dies ermöglichte auch eine Untersuchung der Expander-Kompressor-Einheit unter verschiedensten Prozessbedingungen. Hierfür sei zum Beispiel der Einbauort der inneren Wärmeübertrager, der Test unterschiedlicher Parameter für die Regelung und die Ölversorgung der ECU genannt. Eine weitere Besonderheit ist der an die Anlage angeschlossene Testsupermarkt zur Nachbildung möglichst realistischer Betriebsbedingungen. Dieser ist mit einer Kühlzelle, NK-Wandregalen, TK-Inseln und TK-Sets ausgestattet und kann so eine Verkaufsfläche von ca. 1500 m^2 nachbilden. Um im Versuchsbetrieb auch über einen längeren Zeitraum ausreichend Last generieren zu können, wurde der Maschinencontainer mit einem Deckenverdampfer zur Kühlung ausgestattet und ein im Freien aufgestellter Wärmepumpenverdampfer (WP) in den Kreislauf eingebunden. Hierbei handelt es sich um einen Luft/Kältemittel-Wärmeübertrager, welcher sowohl das Tiefkühl-, wie auch das Druckniveau der Normalkühlverdampfer bedienen kann. In dem Maschinencontainer ist unter anderem der Verdichterverbund mit Abscheider, das Hoch- und Mitteldruckregelventil und die hier vertikal installierte ECU untergebracht.

Abbildung 3.4 ermöglicht einen Blick auf den Verbund mit Expander-Kompressor-Einheit. Wie in der Feldtestanlage ist auch in dieser Kälteanlage zur Regelung des Verdichterteils der ECU ein Verdichterverbund mit zwei frequenzgeregelten Verdichtern nötig. Aus diesem Grund sind die NK-Kühlstufen als Verbund mit je zwei, über die Drehzahl regelbaren, Verdichtern ausgeführt. Die TK-Verdichter können ebenfalls beide frequenzgeregelt betrieben werden. Dies ist für den Betrieb mit ECU nicht erforderlich, ermöglicht so aber eine größere Flexibilität im Versuchsbetrieb. Zur teilweisen Enthitzung des Druckgases der Tiefkühlverdichter wurde ein Luft/Kältemittel-Wärmeübertrager integriert. Die Regelung erfolgt mittels eines Fühlers am Eintritt in den NK-Verbund temperaturgeführt.

In dieser Anlage war es möglich, den Gaskühler in Abhängigkeit vom Zwischenkühler zu dimensionieren, sodass beide Wärmeübertrager im Drosselbetrieb in Reihe betrieben werden können. Diese Reihenschaltung ermöglichte es, den Gaskühler kleiner auszulegen. Die

Drehzahl der Ventilatoren des Gaskühlers wie auch des Zwischenkühlers können mittels eines Frequenzumformer geregelt werden. Die aus dem Prozess abzuführende Wärmemenge wird an die Umgebungsluft mit der Temperatur t_U abgegeben. Beide Wärmeübertrager sind somit als Luft/Kältemittelwärmeübertrager ausgeführt.

Die Entspannungsstufen der Expander-Kompressor-Einheit wurden auch in dieser Anlage parallel zu den Hochdruck- und Mitteldruckregelventilen eingebunden. Im Betrieb mit ECU ersetzen somit die beiden Entspannungsstufen E1 und E2 das HD- und MD-Regelventil. Die erste Entspannungsstufe (E1) entspannt vom Hochdruck auf das Druckniveau des Abscheiders. Die zweite Entspannungsstufe (E2) entspannt, ebenfalls arbeitsleistend, das Flashgas auf das Verdampfungsdruckniveau der Normalkühlverdampfer. Alle Eintritte, mit Ausnahme der zweiten Entspannungsstufe, wurden mit Filtern ausgestattet. Auch in dieser Anlage wurde an diesem Einbauort auf einen Filter verzichtet, da der Abscheider vorgeschaltet ist. Die Frequenz der ECU kann automatisiert geregelt und zusätzlich erfasst werden.

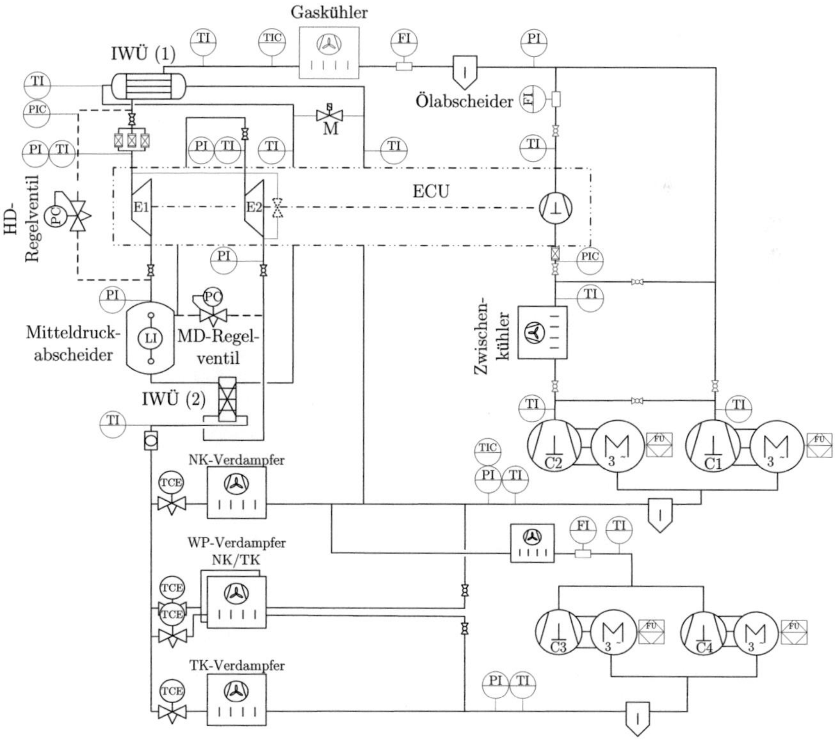

Abbildung 3.3: Vereinfachtes Fließbild der Versuchs- und Demonstrationsanlage mit ECU

In beiden Betriebsweisen (ECU und EXV) können die beiden Verdichter C1 und C2 das Kältemittel über den Zwischenkühler, indem es enthitzt wird, zum Ölabscheider auf Hochdruck verdichten. Im Anschluss wird das Kältemittel im Kondensator/Gaskühler weiter abgekühlt bzw. kondensiert und gegebenenfalls unterkühlt. Im inneren Wärmeübertrager IWÜ (1) kann das CO_2 im Gegenstrom zum Flashgas weiter abgekühlt/unterkühlt werden. Im Hochdruckregelventil bzw. in der ersten Entspannungsstufe (E1) wird das Kältemittel auf das Druckniveau im Abscheider (Mitteldruck) entspannt. Die Kältemittelflüssigkeit wird über einen weiteren inneren Wärmeübertrager (IWÜ(2)) geleitet und dabei im Gegenstrom zum Flashgasmassenstrom unterkühlt, bevor es den Kühlstellen der NK- oder TK-Verdampfer zugeführt wird. Die TK-Verdichter komprimieren das in den TK-Kühlstellen verdampfte und überhitzte Kältemittel in die Saugleitung der Normalkühlverdampfer. Im Anschluss verdichten die Normalkühlverdichter den überhitzten Massenstrom der NK-Verdampfer, der TK-Verdampfer und den Flashgasmassenstrom des Mitteldruckabscheiders wahlweise auf Zwischen- oder Hochdruck. Die hierfür nötige Umstellung erfolgt in dieser Anlage vor der Inbetriebnahme manuell. Analog zur Feldtestanlage wird die bei der arbeitsleistenden Entspannung von Hoch- auf Mitteldruck und von Mittel- auf Verdampferdruck gewonnen Arbeit zur Verdichtung im Verdichterteil der ECU nach vorheriger Zwischenkühlung den Prozess wieder zugeführt. Die Ölrückführung zu den Verdichtern erfolgte wie in der Feldtestanlage nach dem Stand der Technik über den Ölabscheider. Aus diesem werden alle vier Hauptverdichter (NK- und TK-Kühlstufen) über Ölspiegelregulatoren mit Öl versorgt. Der Charakter einer Versuchsanlage ermöglichte die Durchführung von Experimenten unter unterschiedlichen Prozessbedingungen und

Abbildung 3.4: Verdichterverbund der Versuchs- und Demonstrationsanlage mit vertikal installierter ECU

Umbauten am System, da hier die Bereitstellung von Kälte eine untergeordnete Priorität hat.

Messtechnik der Versuchs- und Demonstrationsanlage

Durch die parallele Einbindung der beiden Entspannungsstufen zu dem HD- und MD-Regelventil ist es auch in dieser Anlage möglich, zwischen ECU- und Drosselbetrieb zu wechseln und so messtechnisch beide Prozesse gegenüberzustellen. Zur Bestimmung der Prozessparameter, der Erstellung der p,h-Diagramme und zum Vergleich der beiden Prozesse wurde auf die nachfolgend tabellierte Messtechnik zurückgegriffen. Hierbei handelt es sich um Sensorik, welche nach dem heutigen Stand der Technik in der Kältetechnik Anwendung findet. Die Messunsicherheit ist Tabelle 3.2 zu entnehmen. Es wurden zur Temperaturmessung NTC-Widerstandthermometer und Thermoelemente vom Typ K sowie zur Druckmessung piezoresistive Drucktransmitter verwendet. Zur Massenstrommessung wurden Sensoren, welche nach dem Coriolis-Prinzip arbeiten, installiert. Zugunsten einer erhöhten Genauigkeit und zur Vermeidung von Druckverlusten sind die Massenstromsensoren für den Gesamtmassenstrom und den ECU-Verdichtermassenstrom mit parallelen Messrohren versehen. Alle Coriolis-Massenstromsensoren wurden in der Druckgasleitung installiert, um eine mögliche teilweise Entspannung des Kältemittels z.B. aufgrund von Druckverlusten und dem damit möglichen Phasenwechsel beim Einbau in der Flüssigkeitsleitung zu vermeiden.

Tabelle 3.2: Verwendete Messtechnik in der Versuchs- und Demonstrationsanlage einschließlich der zugehörigen Messunsicherheiten

Messstelle-/ort	Unsicherheit
Massenstrom der TK-Verdichter/Druckgas	$\pm 0,2$ % v. MW
Gesamtmassenstrom nach Ölabscheider	$\pm 0,5$ % v. MW
Massenstrom am Austritt ECU-Verdichter	$\pm 0,25$ % v. MW
Hochdruck (Ölabscheider)	$\pm 0,5$ % (FS; 200 bar)
Hochdruck	$\pm 0,5$ % (FS; 120 bar)
Druck (alle anderen)	± 1 % (FS; 60 bar)
Temperatur am Austritt Verdichter, ZK und GK	$\pm 1,5$ K
Temperatur IWÜ (1) und Austritt C-ECU	$\pm 1,5$ K
Temperaturen alle sonstige	$\pm 0,5$ K
Drehstromzähler (Wirkverbrauch)	Klasse 2
Frequenz der ECU (indirekt)	$\pm 0,2$ % (BFSL; 150 bar)
Prozessleitsystem (Druck)	± 1 % v. MW
Prozessleitsystem (Temperatur)	$\pm 0,7$ K
Fluke Hydra II (Datenerfassung)	$\pm 0,45$ °C
Instrunet I 100 (Datenerfassung)	$\pm 0,0015$ V

Die Temperatursensoren sind als Anlegefühler ausgeführt. Diese Einbauart vermeidet zum einen zusätzliche Druckverluste und ermöglicht zum anderen eine einfache Installation. Für die Thermoelemente vom Typ K (Temperaturen IWÜ(1) und Austritt Verdichterteil der ECU) kann nach DIN EN 60584-2, je nachdem welcher Wert größer ist, die in Tabelle 3.2 angegebene Unsicherheit von 1,5 K oder die nach Gleichung (3.1) berechnete, Verwendung finden.

$$\Delta T = \pm(1,5\,\text{oder}\,0,004\,|t|) \tag{3.1}$$

Bezüglich des Prozessleitsystems und der Temperatur- und Drucksensoren, ist mit Ausnahme der Datenerfassung der Thermoelemente und der Elemente selbst sowie des Drucksensors am Ölabscheider die Unsicherheit für Linearität, Hysterese und Reproduzierbarkeit in den Angaben enthalten. Da die Expander-Kompressor-Einheit nicht mit einem Messsystem zur Indizierung ausgestattet werden konnte, wird die Frequenz der Maschine indirekt über einen Drucksensor ermittelt. Der Sensor ist am Verbindervolumen der zweiten Entspannungsstufe installiert und ermöglicht die Bestimmung der kompletten Schwingungsdauer, aus der sich die Frequenz ableiten lässt. Die Vorgehensweise ist in Abbildung 3.5 zu sehen. Durch die Konstruktion als Volldruckmaschine entsteht bei der Messung nahezu ein Rechtecksignal (Abb.: 3.5 (b)), welches eine Bestimmung der Periodendauer zulässt.

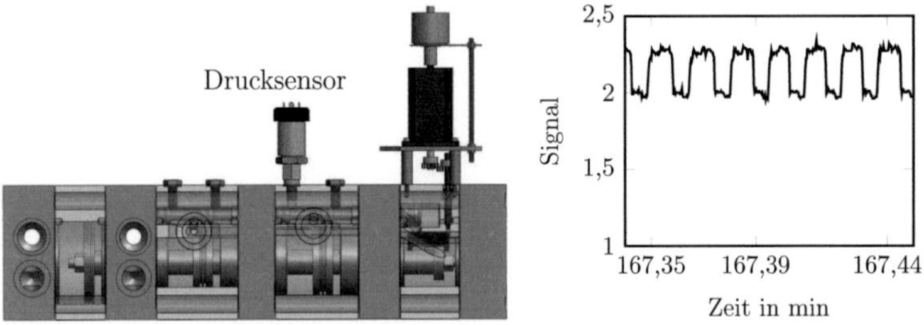

(a) ECU mit Drucksensor zur Bestimmung der Frequenz

(b) Exemplarischer Verlauf des Messsignals zur Bestimmung der Frequenz

Abbildung 3.5: Bestimmung der Frequenz der ECU in der Versuchs- und Demonstrationsanlage

3.3 Aktuelle Expander-Kompressor-Einheit

In Abbildung 3.6 ist die in beiden Anlagen verwendete Expander-Kompressor-Einheit (ECU) dargestellt. Die Einheit ist segmentiert aufgebaut und besitzt einen Hauptschieberverbund (HaS) sowie einen Kolbenverbund mit doppelt wirkenden Kolben in jeder Stufe (Kompressor (C-ECU), erste Entspannungsstufe (E1) und zweite Entspannungsstufe (E2)). Bei der Analyse der Summenhäufigkeit der Außentemperaturen in Mitteleuropa hat sich eine zweistufige Entspannung in Verbindung mit einer einstufigen Verdichtung als optimal herausgestellt (Wenzel u. Nickl (2009)). Die Ursache hierfür liegt in einer, im Vergleich zum zweiten Prototypen, geringeren Druckdifferenz für die Entspannung begründet. Darüber hinaus wird durch die Einführung des Mitteldruckabscheiders, wie er derzeit Stand der Technik in CO_2-Gewerbekälteanlagen ist, die zur Verfügung stehenden Druckdifferenz zur Entspannung reduziert. Im Vergleich zu der durch Nickl (2007) entwickelten Expander-Kompressor-Einheit hat die prozessbedingte Verringerung des Druckgefälles eine Reduzierung der Anzahl der Entspannungsstufen zur Folge.

Eine zweistufige Entspannung bedeutet, dass im vorliegenden Fall eine Entspannungsstufe von Hoch- auf Mitteldruckniveau und eine Entspannungsstufe den Kältemitteldampf aus dem Mitteldruckabscheider (MDA) auf das Druckniveau der (NK-)Verdampfer entspannt.

Mit den geänderten Auslegungsbedingungen und der veränderten Konstruktion verschiebt sich die optimale Betriebsweise der Expander-Kompressor-Einheit hin zu höheren Kolbengeschwindigkeiten. Grund hierfür sind vor allem die größer als erwartet wirksamen Leckagemassenströme in beiden Maschinenteilen. Durch eine Erhöhung der Frequenz bzw. der Kolbengeschwindigkeit der Maschine erhöht sich bei nahezu konstantem Leckagemassenstrom das Verhältnis aus gefördertem Massenstrom zu dem im inneren der Maschine durchgesetzten. Dieses Verhältnis wird nach Kleinert (1989) auch als Dichtheitsgrad bezeichnet. Ein weiterer Grund für die konstruktiven Änderungen sind - in geringerem Maße - die wirksamen Temperaturausgleichsvorgänge im Expander (vgl.: Wenzel u. Nickl (2009)). Das bedingt in Bezug auf die inneren Druckverluste eine Vergrößerung der Steuerquerschnitte in beiden Maschinenteilen (Expander- und Kompressorteil). Der, durch die größeren Kompressorventile verursachte relative Schadraumzuwachs, wird nun teilweise durch eine kompaktere Konstruktion von Saug- und Druckventil mit gemeinsamer

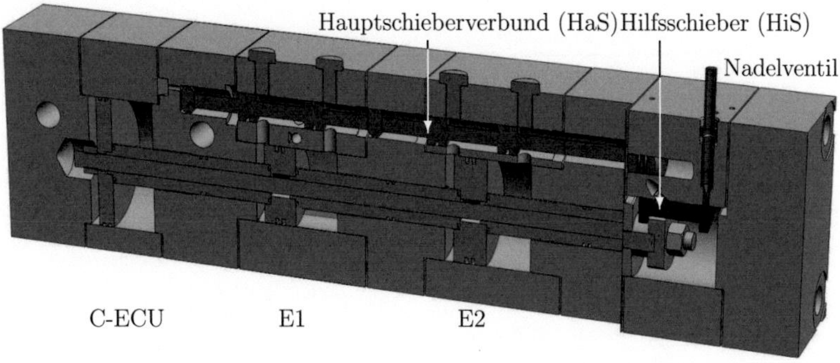

Abbildung 3.6: Schnitt durch den aktuellen Prototop der ECU
Kompressorteil, erste Entspannungsstufe, zweite Entspannungsstufe, Mitnehmerzylinder mit HiS (v. l. n. r.), oben liegender HaS; Zeichnung des Autors

Überströmbohrung minimiert. Das ist möglich, da die Temperaturausgleichsvorgänge auf der Kompressorseite (Aufheizungsverluste) aufgrund der geringen Temperaturunterschiede vernachlässigbar sind. Zur weiteren Neuerung gegenüber den Vorgängermodellen zählt die konstruktive Änderung des Hilfsschiebers, der zusammen mit dem Hauptschieberverbund das Umsteuern des Expanders in dessen Totlagen bewirkt. Dieser ist nun als Flachschieber ausgeführt. Der Hauptschieberverbund bleibt mit doppelt wirkenden Kolben unverändert und realisiert auch weiterhin prinzipbedingt eine innere Einströmung mit Kolbenschiebern.

Der Hauptschieberverbund bildet die Zwangssteuerung der Entspannungsstufen und wird von einem Teilmassenstrom des in die ersten Entspannungsstufe eintretenden Gesamtmassenstrom angetrieben. Dieser Teilmassenstrom wird als Schiebermassenstrom $\dot{m}_{HaS}$ bezeichnet und über das Nadelventil auf Verdampfungsdruckniveau entspannt. Nach der Entspannung wird der Schiebermassenstrom am Austritt der zweiten Entspannungsstufe dem Flashgasmassenstrom beigemischt. Dieser sogenannte Bypass und die Beimischung erfolgen im Inneren der Expander-Kompressor-Einheit.

Im Vergleich zur vorhergehenden Version mit drei in Reihe geschalteten Entspannungsstufen ergibt sich durch die neue Bauweise eine Verringerung der Masse der Einheit. Tabelle 3.3 gibt eine Zusammenfassung der Hauptabmessungen der Expander-Kompressor-Einheit. In Abbildung 3.7 ist der Kolbenverbund der Expander-Kompressor-Einheit

Tabelle 3.3: Abmessungen der aktuellen Expander-Kompressor-Einheit

Bezeichnung	Wert	Bemerkung
$d_{\text{C-ECU}}$	85 mm	Verdichterteil
d_{E1}	48 mm	Entspannungsstufe 1
d_{E2}	64 mm	Entspannungsstufe 2
$s_{\text{Kolbenverbund}}$	30 mm	Kompressor & Expander
$d_{\text{HaS,groß}}$	24 mm	größte Kolben des HaS
s_{HaS}	20 mm	
m	59 kg	

dargestellt. Um die innere Dichtheit der Maschine zu erhöhen, wurde nach der ersten Revision in der Versuchs- und Demonstrationsanlage der Kolbenverbund durch den Autor zwischen Kolben und Kolbenstange jeder Stufe abgedichtet (Detail C). Dies kann in Abbildung 3.7 nachvollzogen werden. Die Abdichtung der in der Versuchs- und Demonstrationsanlage eingesetzten Maschine vor dem Zusammenbau kann Abbildung A.3 (b) in Anhang A entnommen werden.

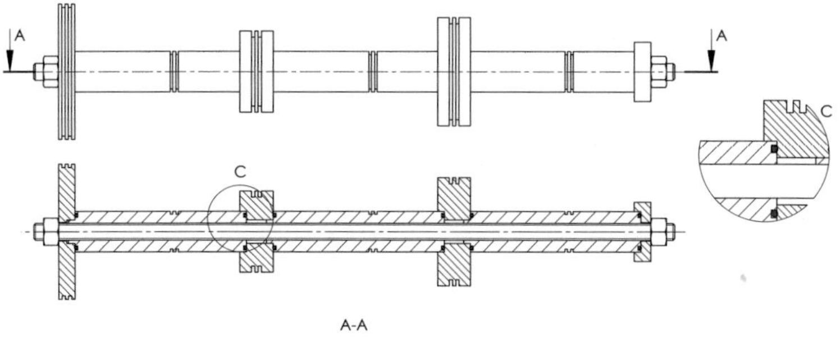

Abbildung 3.7: Kolbenverbund der Expander-Kompressor-Einheit nach dem Umbau

3.4 Der innere Wärmeübertrager (IWÜ)

Die in beiden Anlagen vorhandenen inneren Wärmeübertrager zur Überhitzung des Flashgases werden teilweise vom Verdichterhersteller zum Schutz der Verbundverdichter vor Tröpfchenschlag gefordert bzw. empfohlen. Aus welchem weiteren Grund ein solcher Wärmeübertrager in den hier vorgestellten Prozessen vorhanden sein muss, soll nachfolgend diskutiert werden.

Der Einsatz des auch als Sauggaswärmeübertrager bezeichneten Bauteils in einer Kälteanlage ist derzeit in R744-Kälteanlagen Stand der Technik. In Anlagen der Gewerbekälte mit dem Kältemittel Kohlenstoffdioxid werden innere Wärmeübertrager vorrangig aus dem Grund der Anlagensicherheit eingesetzt. Der IWÜ hat die Aufgabe im Gegenstrom zur Kältemittelflüssigkeit, das aus dem Abscheider abgeschiedene Flashgas sicher zu überhitzen, mindesten jedoch die bei der Entspannung entstandene Flüssigkeit zu verdampfen.

Aus Abbildung 3.8 (b) kann erkannt werden, dass bei Anlagen, welche im Drosselbetrieb betrieben werden, nur ein geringer Anteil an Zweiphasengemisch bei der isenthalpen Entspannung des Flashgases vom Druckniveau des Mitteldruckabscheiders (Punkt 13) auf das Druckniveau der (NK-)Kühlstufen (Punkt 18) entsteht.

Wie aus dem p,h-Diagramm ebenfalls zu erkennen ist, hängt der Dampfgehalt auch geringfügig von dem Eingangsdruck in das Entspannungsorgan - dem Druck im Abscheider - ab. Einen wesentlich größeren Einfluss auf den Dampfgehalt nach der Flashgasentspannung hat die Art des Entspannungsorgans. Bei der arbeitsleistenden Entspannung in der zweiten Entspannungsstufe entsteht durch den geringen Anstieg der Isentropen im Zweiphasengebiet zur Taulinie hin, ein im Vergleich zur isenthalpen Entspannung größerer Flüssigkeitsanteil (Punkt 21'). Diese Aussage gilt auch unter Berücksichtigung eines Gütegrades der Entspannung und ist am Beispiel der Versuchs- und Demonstrationsanlage in Abbildung 3.8 (b) im Ausschnitt aus dem p,h-Diagramm zu sehen.

Ebenfalls einen Einfluss auf den Austrittszustand nach der Flashgasentspannung hat der Schiebermassenstrom des Hauptschiebers der Expander-Kompressor-Einheit. Er wird

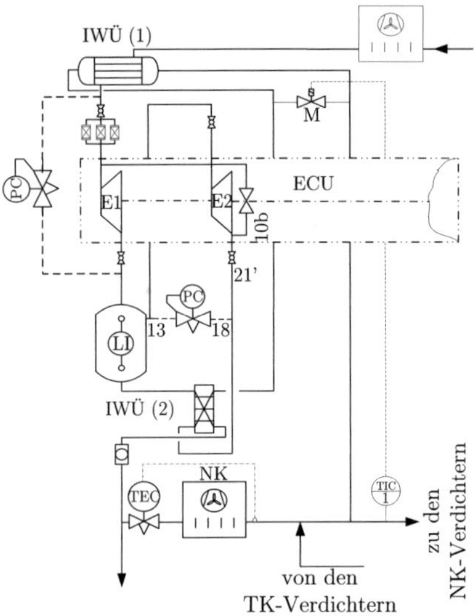

(a) Einbindung der IWÜ

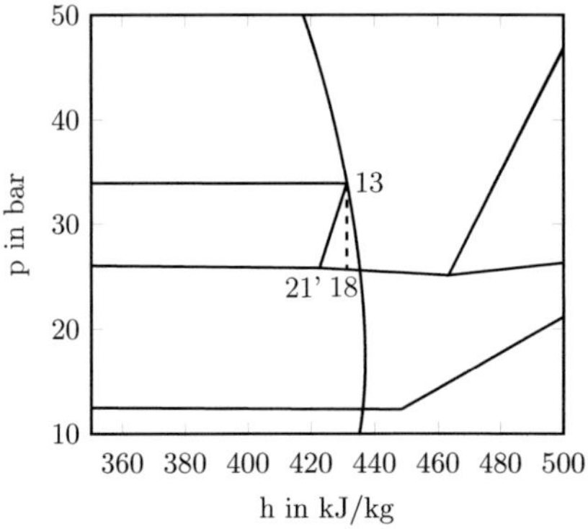

(b) isentrope und isenthalpe Entspannung des FG im p,h-Diagramm (Ausschnitt)

Abbildung 3.8: Einfluss des inneren Wärmeübertragers bei der Flashgasentspannung am Beispiel der Versuchs- und Demonstrationsanlage

am Eintritt in die erste Entspannungsstufe vom Gesamtmassenstrom abgetrennt und am Austritt der zweiten Entspannungsstufe dem Flashgasmassenstrom in der Maschine beigemischt. Der Punkt nach der Entspannung ist in Abbildung 3.8 (a) mit 10b gekennzeichnet. Bei der Berechnung wird eine isenthalpe Entspannung angenommen. In der Realität wird sich allerdings eine Mischung zwischen isenthalper und arbeitsleistenden Entspannung einstellen, da der Massenstrom über das Nadelventil entspannt wird und dabei am Hauptschieber Arbeit bei der Umsteuerung verrichtet. Wie noch weiter ausgeführt wird, ist dieser Anteil des Schiebermassenstroms am Gesamtmassenstrom zwar gering, besitzt allerdings eine niedrige Enthalpie. Somit ist, um den aus der zweiten Entspannungsstufe austretenden Massenstrom vollständig zu verdampfen und gegebenenfalls überhitzen zu können, mehr Wärme nötig.

Im Folgenden soll der Einbauort des inneren Wärmeübertragers in den vorgestellten Anlagen und die Wirkung auf den Prozess diskutiert werden. Der Einbauort ist für den EXV- und den Betrieb mit Expander-Kompressor-Einheit in den jeweiligen Versuchsanlagen gleich. Für beide Anlagen können sich folgenden Verbindungen für den Anschluss der Flüssigkeit und des Flashgasmassenstromes ergeben:

1. Flüssigkeit bzw. überkritisches Fluid:
    a) Eintritt: Austritt aus dem Verflüssiger/Gaskühler

   b) Eintritt: Austritt der Kältemittelflüssigkeit aus dem Mitteldruckabscheider

2. Flashgas:

   a) Eintritt: nach der Entspannung

   b) Eintritt: vor der Entspannung

Wie Hieble u. Javerschek (2011) zeigen, hat der Einbauort keinen signifikanten Einfluss auf die Leistungszahl. Wird die Schaltung 1b) mit 2a) gewählt, kann die Flüssigkeit vor Eintritt in die Entspannungsventile der Verdampfer unterkühlt werden. Dies ermöglicht eine größere spezifische Kälteleistung. Die Unterkühlung ist jedoch im Drosselbetrieb aufgrund des geringen Dampfgehalts nach der Entspannung gering, wohingegen während des ECU-Betriebes eine deutliche Unterkühlung der Flüssigkeit zu erwarten ist. Wird der innere Wärmeübertrager durch 1b) mit 2a) oder 2b) kombiniert, wird eine Unterkühlung der Flüssigkeit aus dem Gaskühler erreicht. Dies hat einen geringeren Dampfgehalt im Abscheider zur Folge.

In den beschriebenen Versuchsanlagen, wurden verschiedene Einbauvarianten installiert. Zur Untersuchung des Einflusses unterschiedlicher Schaltungsvarianten des inneren Wärmeübertragers auf den Prozess wurde in der Versuchs- und Demonstrationsanlage zu Beginn der Messreihen der IWÜ (1) in Variante 1a) mit 2b) verschaltet. Zur Untersuchung des Einflusses des IWÜ (2) wurde dieser im Verlauf der experimentellen Untersuchungen so integriert, dass Variante 1a) mit 2a) kombiniert wurde.

Sollte es nötig sein, dass Kältemittel weiter zu überhitzen, kann das Flashgas im inneren Wärmeübertrager IWÜ (2) im Gegenstrom zum Hochdruckmassenstrom aus dem Gaskühler verdampft bzw. überhitzt werden. Der innere Wärmeübertrager IWÜ (1) kann über das Ventil M eingebunden werden. Die Steuerung des Ventils übernimmt ein Temperaturfühler am Saugstutzen des NK-Verdichterverbundes, um eine unzulässige Überhitzung zu vermeiden. Dargestellt ist diese Variante der Einbindung und Regelung in Abbildung 3.8a (a).

Diese Schaltungsvariante mit IWÜ (1) und (2) ermöglicht aufgrund der größeren Temperaturdifferenz eine höhere Sicherheit gegen Tröpfchenschlag, vor allem im Hinblick auf den ECU-Betrieb.

4 Regelung

In diesem Kapitel wird die Regelung der Komponenten für die Integration der Expander-Kompressor-Einheit am Beispiel der Versuchs- und Demonstrationsanlage prinzipiell erläutert und es werden die Hintergründe für die Wahl der Regelstrategie diskutiert. Die dargelegte Strategie zur Regelung des Hochdrucks mit ECU und des Verdichterteils der Expander-Kompressor-Einheit kann ebenfalls auf andere Prozessschaltungen angewandt werden. Die Bestimmung der Sollwerte wird in einem folgenden Kapitel erläutert.

Zur Veranschaulichung der Regler des Systems ist in Abbildung 4.1 ein Ausschnitt aus dem vereinfachten Fließbild mit den zur Regelung des Systems mit Expander-Kompressor-Einheit notwendigen Komponenten dargestellt. In der Praxis sind Regelungen für transkritisch arbeitende Kälteanlagen mit Expansionsventilen für den Hoch- und Mitteldruck bekannt. Aus diesem Grund wird zusätzlich gezeigt, welche Änderungen gegenüber der Regelung einer solchen Kälteanlage vorgenommen werden müssen, um eine Anlage mit Expander-Kompressor-Einheit an variierende Prozessbedingungen anzupassen.

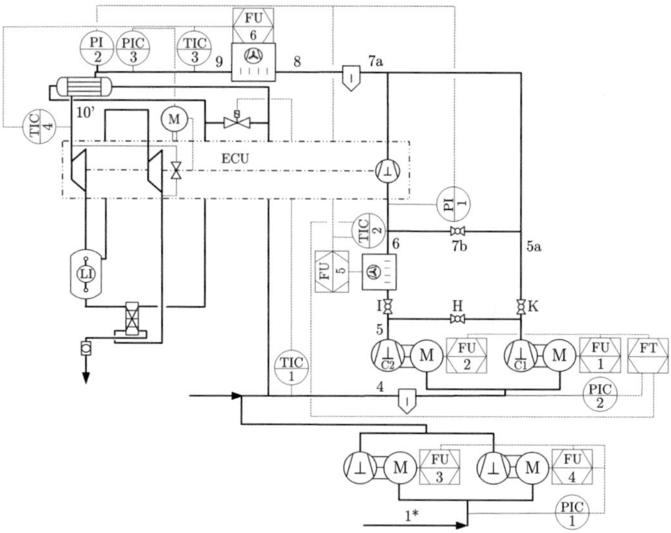

Abbildung 4.1: Ausschnitt aus dem Fließbild der Versuchs- und Demonstrationsanlage zur Veranschaulichung der Regler

4.1 Regelaufgaben bei transkritischen Kälteanlagen mit Mitteldruckabscheider

Nachfolgend werden die bezüglich der Regelstrategie untersuchten Komponenten und Prozessgrößen, am Beispiel der Versuchs- und Demonstrationsanlage vorgestellt.

Für die folgenden Komponenten und Prozessparameter der Kälteanlage soll eine Regelstrategie für die Einbindung einer Expander-Kompressor-Einheit entwickelt und umgesetzt werden:

- Überhitzung am Austritt der Verdampfer mit elektronischen Entspannungsventilen
- Verdampfungstemperatur als Funktion des Saugdrucks
- Zwischenkühler
- Hochdruck
- Mitteldruck im Mitteldruckabscheider
- Massenstrom des Verdichterteils der Expander-Kompressor-Einheit

Die Regelung der elektronischen Entspannungsventile der Verdampfer ist nicht Gegenstand der vorliegenden Arbeit, da sich deren Regelverhalten mit Einbindung der Expander-Kompressor-Einheit nicht ändert.

Um zu zeigen, welche Modifikationen sich gegenüber dem derzeitigen Stand der Technik bei Einbindung der Expander-Kompressor-Einheit ergeben, sollen zusätzlich die Regelstrategien für den Hochdruck und Mitteldruck im EXV-Prozess vorgestellt werden.

In den folgenden Abschnitten werden die Regelkonzepte für die Komponenten und Prozessgrößen erarbeitet. Eine gegebenenfalls notwendige Berechnung von zur Regelung notwendiger Regelparameter für den Prozess mit Expander-Kompressor-Einheit ist Gegenstand eines gesonderten Kapitels. Zusätzlich werden Möglichkeiten zur praktischen Umsetzung vorgestellt. Der Begriff Funktionsbaustein (FB) repräsentiert dabei den jeweiligen Regler im System.

Im weiteren Verlauf werden unter anderem sogenannte Überhitzungsregler vorgestellt. Da die vorgestellten Anlagen sowohl in der sub- wie auch in der transkritischen Betriebsweise eingesetzt werden können, sei zur Vollständigkeit angemerkt, dass bei einem Austrittsdruck aus dem Gaskühler $p_{a,GK}$ bzw. einem Austrittsdruck aus dem Zwischenkühler $p_{a,ZK}$ größer dem kritischen Druck p_{krit} die zur Berechnung einer Überhitzung notwendigen Sättigungstemperatur t_{LV} auf 31 °C festgesetzt und weiterhin von einer Überhitzungsregelung gesprochen wird. Des Weiteren wird die im inneren Wärmeübertrager IWÜ (1) im transkritischen Betrieb stattfindende Abkühlung des Kältemittels analog zum subkritischen Betrieb Unterkühlung genannt.

4.2 Regelung des Zwischenkühlers

Die Einbindung der Expander-Kompressor-Einheit ermöglicht die Integration eines Zwischenkühlers in die Anlage. Die in den p,h-Diagrammen dargestellten Prozesspunkte korrespondieren mit den Prozesspunkten im vereinfachten Schema der Anlage (Abb.: 4.1).

Die Leistung des Zwischenkühlers, welcher als Luft-/Kältemittelwärmeübertrager ausgeführt ist, wird über frequenzgeregelte Lüfter (FU 5) an den Prozess angepasst. Die Sollwertvorgabe erfolgt durch eine Temperaturdifferenz. Die hierfür notwendigen Sensoren sind nach Abbildung 4.1 TIC 2, TIC 3, TIC4 sowie PI 1 und PI 2. Die Regelung im transkritischen Betrieb findet analog zu dem hier vorgestellten subkritischen Betrieb statt.

Der Zwischenkühler, welcher bei der Prozessschaltung mit Expander-Kompressor-Einheit Verwendung findet, ist derzeit nicht Stand der Technik. Aus diesem Grund wird einleitend die notwendige Regelstrategie in der Prozessschaltung mit ECU erarbeitet und anschließend diskutiert, wie die Regelstrategie auf den EXV-Prozess angepasst werden muss, um den Zwischenkühler, wie in der Versuchs- und Demonstrationsanlage möglich, in Reihe zum Gaskühler zu betreiben.

4.2.1 Regelung im ECU-Betrieb

In Tabelle 4.1 sind die zur Beschreibung der Regelung des Zwischenkühlers nötigen Prozessschritte aus dem p,h-Diagramm in Abbildung 4.2 erläutert. Die Darstellung im p,h-Diagramm gilt für den Anwendungsfall, dass der Gesamtmassenstrom vom Verdichterteil der Expander-Kompressor-Einheit gefördert werden kann. Ist dies nicht möglich, wird ein Teilmassenstrom vom Verdichter C1 direkt auf den Hochdruck verdichtet und nicht im Zwischenkühler enthitzt. Die Regelung der Aufteilung des Gesamtmassenstroms wird in Abschnitt 4.5 detailliert beschrieben und hat keinen Einfluss auf die Vorgehensweise bei der Regelung des Zwischenkühlers.

Tabelle 4.1: Prozessschritte mit Zwischenkühler im subkritischen Betrieb mit ECU

Prozesspunkt	Bezeichnung	Bemerkung
$4 \Rightarrow 5$	Verdichtung durch die NK-Verdichter	
$5 \Rightarrow 6$	Enthitzung im Zwischenkühler	t_6 bzw. $t_{a,ZK}$
$6 \Rightarrow 7a$	Verdichtung im Kompressorteil der ECU	
$7a \Rightarrow 9$	Wärmeabgabe im Verflüssiger	t_{7a} bzw. $t_{a,C\text{-}ECU}$
$9 \Rightarrow 10'$	Wärmeabgabe im IWÜ (1)	$t_{10'}$ bzw. $t_{a,IWÜ\ (1)}$

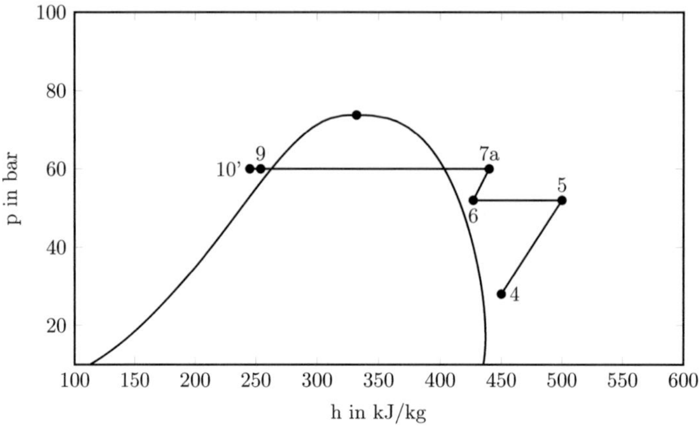

Abbildung 4.2: Erläuterung der Regelung des Zwischenkühlers im subkritischen ECU-Betrieb

Regelgröße

Die verwendete Expander-Kompressor-Einheit ist, analog zu den vorhergehenden Prototypen so ausgelegt, dass im Auslegungspunkt die Eintrittstemperatur der ersten Entspannungsstufe gleich der Eintrittstemperatur in den Verdichterteil (Austritt aus dem Zwischenkühler) der Maschine ist. Hieraus folgt, dass die Differenz zwischen den beiden Temperaturen Null ist.

Wird die Expander-Kompressor-Einheit in Anlagen wie der in Nickl (2007) und Heyl (1999) vorgestellten eingebunden, ist kein innerer Wärmeübertrager zur Abkühlung des Kältemittels aus dem Gaskühler vorhanden. Das bedeutet, dass die Austrittstemperatur aus dem Gaskühler gleich der Eintrittstemperatur in die erste Entspannungsstufe ist. Liegt eine solche Anlagenschaltung vor, ist der Regler FB 12.15 für die Regelung des Zwischenkühlers verantwortlich. Um die Regelstrategie allgemeingültig zu halten und da es wie in der vorliegenden Versuchsanlage vorkommen kann, dass in einem zusätzlichen Wärmeübertrager das aus dem Gaskühler austretende Kältemittel weiter abgekühlt bzw. unterkühlt wird, ist ein zweiter Regler - FB 12.30 - eingeführt worden. Zur Regelung der Drehzahl der Lüfter kann somit am Regler FB 12.15 oder 12.30 ein Sollwert vorgegeben werden, um nachfolgende Temperaturdifferenzen zur regeln:

- FB 12.15 Enthitzer 1: regelt die Temperaturdifferenz: $t_{a,ZK} - t_{a,GK}$
- FB 12.30 Enthitzer 2: regelt die Temperaturdifferenz: $t_{a,ZK} - t_{a,\text{IWÜ (1)}}$

Durch diese Aufteilung ist es somit möglich auch in Zukunft z.B. geänderte Auslegungsparameter zu berücksichtigen und die Regelung diesbezüglich anzupassen.

Notabschaltung des Zwischenkühlers

Wie aus dem vereinfachten Fließbild der Versuchs- und Demonstrationsanlage zu erkennen ist, befindet sich in Fließrichtung nach dem Zwischenkühler der Ölabscheider. Aus diesem Grund muss sichergestellt sein, dass im subkritischen Betrieb am Austritt des Zwischenkühlers kein Kältemittel kondensieren kann. Dies wird durch einen weiteren Regler - dem Funktionsbaustein 12.16 realisiert. Dieser regelt eine Überhitzung zur Taulinie als Funktion des Druckes am Austritt aus dem Zwischenkühler - dem Zwischendruck p_{ZK} - nach Gleichung (4.1). Steigt der Zwischendruck auf über 73,8 bar, wird zur Berechnung der Temperaturdifferenz die Sättigungstemperatur automatisch durch 31 °C ersetzt.

$$\Delta T_{oh,\,ZK,\,ECU} = t_{a,ZK} - t_{LV}(f(p_{ZK})) \tag{4.1}$$

In Abbildung 4.1 ist der zugehörige Drucksensor mit PI 1 gekennzeichnet. Die Regelung des Zwischenkühlers ist im Wirkungsplan in Abbildung 4.3 dargestellt. In diesem können die einzelnen Komponenten des Regelkreises sowie dessen Einflussgrößen dargestellt werden, um die wirkungsmäßigen Zusammenhänge zu verdeutlichen. Hierin sind die Signalflüsse mit Pfeilen gekennzeichnet. Stellen, an denen sich ein Signal aufteilt, werden nach DIN 19226 als Verzweigungsstellen durch schwarze, Stellen an denen sich Signale vereinigen als Additionsstelle durch weisse Kreise repräsentiert. Die Regler errechnen ein stetiges Signal zur Sollwertvorgabe für den Frequenzumformer FU 5. Im Betrieb werden die im Wirkungsplan als Temperaturdifferenzregler (ΔT-Regler; FB 12.15 bzw. FB 12.30) und den als Überhitzungsregler (ΔT_{oh}-Regler; FB 12.16) bezeichneten Regler überlagert.

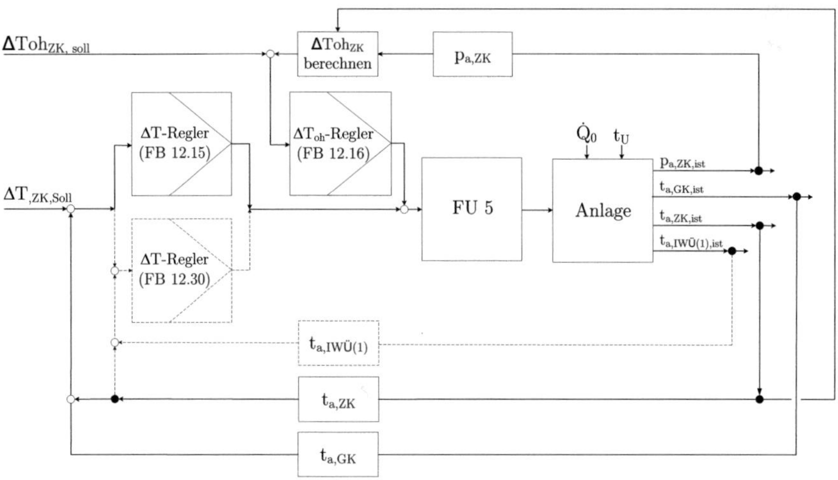

Abbildung 4.3: Wirkungsplan der Regelungsstrecke des Zwischenkühlers für den ECU-Betrieb

Durch einen gestrichelten Linienzug und die zugehörigen Regelungselemente gekennzeichnet ist die eingangs beschriebene alternative Regelstrecke, wenn ein innerer Wärmeübertrager nach dem Gaskühler das Kältemittel gegebenenfalls abkühlt.

Für die im Folgenden beschriebene Regelung im EXV-Betrieb kann ebenfalls der in Abbildung 4.3 dargestellte Wirkungsplan Verwendung finden. Dabei ist zu beachten, dass die Überhitzung ΔT_{oh} in diesem Fall keine Funktion des Drucks am Austritt des Zwischenkühlers $p_{a,ZK}$ sondern des Hochdrucks p_{HD} ist, da der Zwischenkühler in dieser Betriebsweise in Reihe mit dem Gaskühler geschaltet ist.

4.2.2 Regelung im EXV-Betrieb

Da in den hier beschriebenen Anlagen beide Prozesse (EXV und ECU) in jeweils einer Anlage untersucht werden sollen, kann im Betrieb mit Hoch- und Mitteldruckregelventil der Zwischenkühler mit dem Gaskühler in Reihe geschaltet werden. Der serielle Betrieb beider Wärmeübertrager ist für den Prozess mit isobarer Wärmeabfuhr in Abbildung 4.4 dargestellt. In Tabelle 4.2 sind die einzelnen Prozessschritte benannt. Da nicht in jedem Betriebspunkt die Enthitzungsleistung des Zwischenkühlers benötigt wird, werden die Lüfter des Zwischenkühlers in Abhängigkeit von der am Gaskühler benötigten Leistung freigegeben. Diese Freigabe erfolgt durch den Funktionsbaustein FB 14.13 und bewirkt, dass die Lüfter erst angesteuert werden, wenn die Leistung des Verflüssigers nicht ausreicht. Ein Kriterium hierfür ist die Überwachung der Drehzahl der Lüfter des Verflüssigers. Wie stark dieser ausgelastet sein muss, bevor der Zwischenkühler zugeschaltet wird, kann ebenfalls eingestellt werden.

Tabelle 4.2: Erläuterung der Regelung des Zwischenkühlers im subkritischen Betrieb mit EXV

Prozesspunkt	Bezeichnung	Bemerkung
$4 \Rightarrow 5$	Verdichtung durch die NK-Verdichter	
$5 \Rightarrow 6$	Enthitzung im Zwischenkühler	
$6 \Rightarrow 9$	Wärmeabgabe im Verflüssiger	
$9 \Rightarrow 10$'	Wärmeabgabe im IWÜ (1)	$t_{10'}$ bzw. $t_{a,IWÜ(1)}$

Regelgröße

Zur Regelung der Drehzahl der Lüfter und somit der Leistung des Zwischenkühlers werden ebenfalls die beiden Regler FB 12.15 oder FB 12.30 eingesetzt. Die Regelung findet somit bei Bedarf analog zu der des ECU-Betriebes statt.

Notabschaltung des Zwischenkühlers

Wie bei der Betriebsweise mit Expander-Kompressor-Einheit muss auch im Betrieb mit EXV sichergestellt sein, dass am Austritt des Zwischenkühlers kein Kältemittel konden-

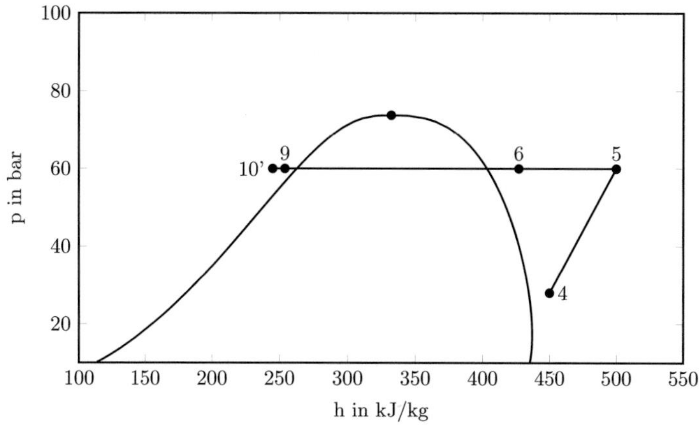

Abbildung 4.4: Erläuterung der Regelung des Zwischenkühlers im subkritischen EXV-Betrieb

sieren kann. Dies geschieht ebenfalls durch eine Überhitzungsregelung. Der Unterschied zum Betrieb mit Expander-Kompressor-Einheit besteht in der Berechnung der Sättigungstemperatur t_{LV}. Diese wird nun nicht wie in Gleichung (4.1) über den Druck am Zwischenkühler sondern, wie in Gleichung (4.2) zu sehen, mit dem aktuellen Hochdruck p_{HD} berechnet.

$$\Delta T_{oh,ZK,EXV} = t_{a,ZK} - t_{LV}(f(p_{HD})) \tag{4.2}$$

4.3 Regelung des Hochdrucks

In Anlagen mit dem Kältemittel Kohlenstoffdioxid wird im sub- und transkritischen Betrieb der Hochdruck in Abhängigkeit der Austrittstemperatur aus dem Verflüssiger geregelt. Bei der Abführung der Wärme im subkritischen Betrieb ergibt sich der optimale Hochdruck (Sollwert des Hochdrucks), eine Verflüssigung vorausgesetzt, durch die Austrittstemperatur des Kältemittels aus dem Verflüssiger. Diese Temperatur wird analog zum Zwischenkühler durch eine Wärmeübertragung an die Umgebungsluft mit der Temperatur t_U erreicht. Hierzu kann mittels eines Frequenzumformers (FU 6) die Leistung an unterschiedliche Prozessbedingungen angepasst werden. Entgegen der Abhängigkeit des Hochdrucks von der Austrittstemperatur aus dem Verflüssiger, wird der Druck im subkritischen Betriebsfall angehoben, um eine ausreichende Unterkühlung des Kältemittels aus dem Gaskühler $t_{a,GK}$ bzw. in diesem Betriebsfall dem Verflüssiger sicherzustellen. Eine ausreichende Unterkühlung liegt vor, wenn am Eintritt in das Entspannungsorgan auch nach einem Druckabfall in Rohrleitungen und Armaturen das Kältemittel unterkühlt, mindestens jedoch in der flüssigen Phase vorliegt. Dieses prinzipielle Vorgehen ist für beide Prozesse gleich.

Da die Regelung des Hochdrucks mittels eines Ventils Stand der Technik bei transkritischen CO_2-Anlagen ist, wird zuerst die Regelung mit Hochdruckregelventil beschrieben um die Unterschiede, die bei der Einbindung der Expander-Kompressor-Einheit entstehen, herauszuarbeiten. Zur Bestimmung des aktuellen Hochdrucks wird in beiden Prozessen der Sensor PIC 3 verwendet.

4.3.1 Regelung des Hochdrucks mit Hochdruckregelventil

Im EXV-Betrieb wird der Hochdruck mit einem Entspannungsventil dem sogenannten Hochdruckregelventil (HD-Regelventil) auf den gewünschten Sollwert eingestellt. Zum Antrieb des Ventils wird ein Schrittmotor verwendet, welcher von der Regelung mit einem stetigen 0 - 10 V Signal angesteuert wird. In der Regelung sind hierfür jeweils zwei Funktionsbausteine für den sub- und transkritischen Betrieb vorhanden:

- Subkritische Betriebsweise ($7,5\,°\mathrm{C} \leq t_{a,GK} \leq 31,5\,°\mathrm{C}$): FB 15.1 und FB 12.4
- Transkritische Betriebsweise ($31,5\,°\mathrm{C} < t_{a,GK} \leq 38\,°\mathrm{C}$): FB 15.2 und FB 12.5

Im ersten FB erfolgt die Berechnung des Hochdrucksollwertes und im zweiten (FB 12.4 bzw. 12.5) findet die Berechnung des Stellsignals statt. Somit ist FB 15.1 und 15.2 ein reines Berechnungsmodul und die Funktionsbausteine 12.4 und 12.5 stellen die eigentlichen Regler da. Um die Funktion der Ventile der Verdichter zu gewährleisten, muss bei tiefen Verflüssigungstemperaturen z.B. im Winterbetrieb und den daraus resultierenden niedrigen Kondensationsdrücken, der Hochdruck über das physikalisch mögliche Druckniveau angehoben werden. Dieses liegt nach Angaben des Verdichterherstellers bei ca. 48 bar (siehe Abbildung D.1). Analog zum minimalen Verdichtungsenddruck wird in der Regelung der Hochdruck auf einen maximalen Wert[1] von 95 bar begrenzt. Die Temperaturen $7,5\,°\mathrm{C}$ und $38,5\,°\mathrm{C}$ resultieren aus der Begrenzung des Hochdruckes. Die Steuerung berechnet in Abhängigkeit von der Austrittstemperatur aus dem Gaskühler einen Hochdrucksollwert nach zwei, frei einstellbaren Geradengleichungen. Die Funktion für den subkritischen Betrieb ist in Gleichung (4.3), die für den transkritischen Betriebsfall, in Gleichung (4.4) dargestellt.

$$p^{HD}_{\mathrm{EXV,sub,Soll}} = A_{\mathrm{EXV,sub}}\, t_{a,GK} + B_{\mathrm{EXV,sub}} \tag{4.3}$$

mit den Koeffizienten

$$A_{\mathrm{EXV,sub}} = 1,3\,\mathrm{bar}/°\mathrm{C}$$
$$B_{\mathrm{EXV,sub}} = 37,6\,\mathrm{bar}$$

[1] Dieser Wert ist der in den beiden vorgestellten Anlagen verwendete, kann aber in der Regelung verändert werden.

$$p^{HD}_{\text{EXV,trans,Soll}} = A_{\text{EXV,trans}}\, t_{a,GK} + B_{\text{EXV,trans}} \tag{4.4}$$

mit den Koeffizienten

$$A_{\text{EXV,trans}} = 2,6\,\text{bar}/°\text{C}$$
$$B_{\text{EXV,trans}} = 3,8\,\text{bar}$$

Die Vorgehensweise der Berechnung des optimalen Hochdrucks im transkritischen Betrieb nach einer Geradengleichung kann ebenfalls Sawalha (2008), Elbel (2007) und Ge u. Tassou (2011) entnommen werden. Die Verwendung einer Geradengleichung zur Ermittlung des Hochdruckes in der subkritischen Betriebsweise ist auf die Möglichkeit zur Annäherung der Siedelinie im Druckbereich von

$$48\,\text{bar} \leq p_{a,ZK} \leq 73\,\text{bar}$$

möglich.

4.3.2 Regelung des Hochdrucks mit Expander-Komheit

Da die erste Entspannungsstufe der Expander-Kompressor-Einheit das Hochdruckregelventil ersetzt, muss im ECU-Betrieb der Hochdruck mit der Maschine an den Sollwert angepasst werden. Diese Anpassung erfolgt durch eine gezielte Beeinflussung der Frequenz. Durch diese wird analog zum HD-Regelventil der Massendurchsatz der Expander-Kompressor-Einheit und somit der Hochdruck, geregelt.

Zur Frequenzbeeinflussung wird das durch Nickl (2007) beschriebene Nadelventil genutzt. Mit diesem ist es möglich, die Zeit zum Umsteuern des Hauptschiebers zu beeinflussen. Da der Hauptschieber das Ein- und Ausströmen des Kältemittels in die Entspannungsstufen regelt und aufgrund der Freikolbenbauweise, wird die Frequenz des gesamten Kolbenverbundes der Expander-Kompressor-Einheit beeinflusst.

Zur automatisierten Regelung des Hochdrucks wurde eine Antriebseinheit mit Steuerung zur automatisierten Reglung der Frequenz der ECU entwickelt. Mit einer solchen Steuerung ist es möglich, den Motor analog zu dem HD-Regelventil, mit einem 0 - 10 V Signal anzusteuern. Diese Lösung ermöglicht eine einfache Einbindung in den Prozess, da der vorhandene Ausgang für das Steuerungssignal des Reglers nicht verändert werden muss und die Frequenzregelung automatisiert erfolgen kann.

Der Wirkungsplan der Hochdruckregelung mit Expander-Kompressor-Einheit ist in Abbildung 4.5 dargestellt.

In der derzeitigen Entwicklungsstufe der HD-Regelung mit ECU wird der Sollwert des Hochdrucks von der Betriebsweise (ECU oder EXV) unabhängig ermittelt. Im Wirkungsplan zu sehen ist, dass aufgrund einer gemessenen Austrittstemperatur aus dem Gaskühler

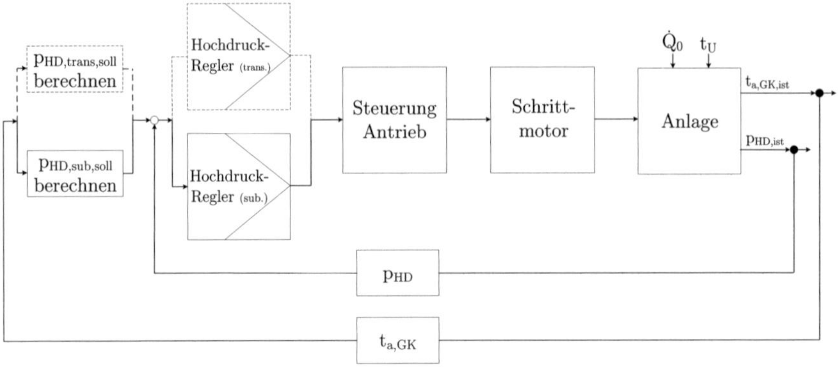

Abbildung 4.5: Wirkungsplan der Regelungsstrecke der Hochdruckregelung für den ECU-Betrieb

in der Regelung der Sollwert für den Hochdruck berechnet wird. Einfluss auf die Temperatur $t_{a,GK}$ nimmt zum einen die Regelung der Lüfter des Gaskühlers über den in Abbildung 4.1 gekennzeichneten Frequenzumformer FU 6 und zum anderen die Umgebungstemperatur sowie die benötigte Kälteleistung. Die Berechnung des Sollwertes für den Hochdruck erfolgt für den sub- und transkritischen Betrieb getrennt. Aus diesem Grund ist der Signalfluss entweder dem subkritischen oder dem gestrichelt dargestellten transkritischen Betrieb zugeordnet.

In Abbildung 4.6 ist die Maschine mit dem montierten Antrieb und einem Endlagenschalter, welcher als Drehwinkelgeber ausgeführt ist, dargestellt. Die Kopplung des Motors und des Nadelventils erfolgt über ein Getriebe. Die Steuerung des Motors erlaubt es, frei programmierbare Fahrprofile zu hinterlegen, in denen z.B. Geschwindigkeitsprofile zum An- und Abfahren und Referenzfahrten implementiert werden können. Mithilfe einer Referenzfahrt wird bei der Inbetriebnahme oder nach einem Stromausfall die Endposition neu ermittelt, da die aktuelle Startposition nicht dauerhaft gespeichert werden kann. Zur Bestimmung der Endposition wird ein Drehwinkelgeber mit nichtflüchtigem Speicher verwendet. Dieser ermöglicht das Erfassen von Umdrehungen größer 360°. Ist die Start- und Endposition des Drehwinkelgebers programmiert, bleibt diese auch nach einem Stromausfall gewährleistet und erweitert so den automatisierten Betrieb der Hochdruckregelung mit Expander-Kompressor-Einheit. Die Berechnung des Hochdrucksollwertes für die Betriebsweisen sub- und transkritisch erfolgt in Abschnitt 5.3.2.

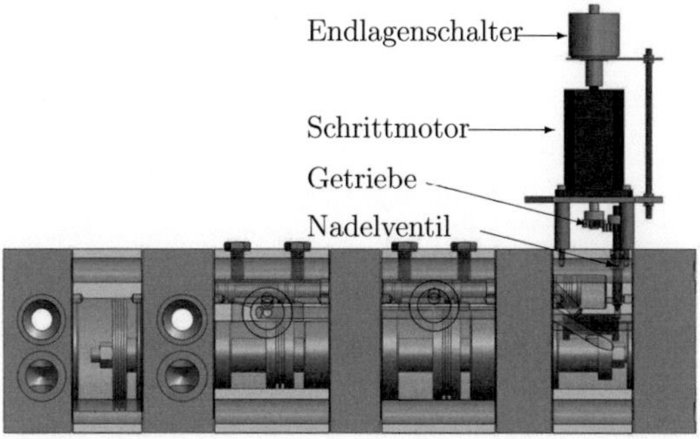

Abbildung 4.6: ECU mit Nadelventil, Schrittmotor und Positionsbestimmung (ohne Darstellung der Kompressorventile und Kolbenringe)

4.4 Regelung des Drucks im Abscheider

4.4.1 Regelung im EXV-Betrieb

Im EXV-Betrieb wird der Druck im Mitteldruckabscheider, der Mitteldruck p_{MD}, mithilfe eines Entspannungsventils, dem sogenannten Mitteldruckregelventil (MD-Regelventil) auf einen fest einstellbaren Wert geregelt. Der Mitteldruck muss groß genug sein, um eine ausreichende Druckdifferenz über die Entspannungsventile der Verdampfer zu gewährleisten. Der Druck wird im Funktionsbaustein FB 12.8 auf einen Wert von 35 bar eingestellt.

4.4.2 Regelung im ECU-Betrieb

Im Betrieb mit Expander-Kompressor-Einheit wird der Druck im Abscheider durch folgende Parameter beeinflusst:

- Frequenz der Maschine
- geometrische Abmessungen wie Kolbendurchmesser und Hub der zweiten Expansionsstufe
- Dichte am Eintritt der zweiten Entspannungsstufe
- Flashgasmassenstrom

Da im Anlagenbetrieb der Flashgasmassenstrom nicht in jedem Betriebspunkt gleich dem von der ECU geförderten Massenstrom ist, wird sich ein variabler Druck im Abscheider einstellen. Für andere Einbindung der ECU, bei der eine Entspannungsstufe das Flashgas entspannt und zusätzlich der Verdichterteil einen Teilstrom des Flashgases auf Hochdruck verdichtet, sagt Riha (2005) ebenfalls ein Schwanken des Drucks im Abscheider voraus.

4.5 Regelung des Verdichters der ECU

Zusätzlich zu der hier vorgestellten automatisierten Hochdruckregelung mit der Expander-Kompressor-Einheit ist es nötig, den Verdichterteil der ECU an unterschiedliche Betriebsverhältnisse anzupassen. Diese können zum Beispiel durch sich ändernde Rückkühlbedingungen infolge von Schwankungen in der Umgebungstemperatur hervorgerufen werden. Des Weiteren machen es veränderliche Massenströme infolge von variierenden Kältelasten nötig, den Massenstrom des Verdichters an vom Auslegungspunkt abweichende Bedingungen anzupassen. Wie viel Gesamtmassenstrom $\dot{m}_{ges}$ zur Bereitstellung der Kältelast benötigt wird, wird durch den sogenannten Verbundregler vorgegeben. Dieser ist für die Einhaltung der geforderten Verdampfungstemperatur t_0 verantwortlich. Da diese Temperatur eine Funktion des Saugdrucks p_0 ist, wird über die Drehzahl der einzelnen Verdichter (C1 und C2) der gewünschte Sollwert eingestellt. Alternativ können auch Verdichter zu- oder abgeschaltet werden, um den Gesamtmassenstrom bereitzustellen.

Der vom Verdichterteil der Expander-Kompressor-Einheit förderbare Massenstrom ist unter anderem eine Funktion der Dichte des Kältemittels am Saugstutzen. Diese Sauggasdichte wiederum ist, wenn ein einphasiges Fluid vorausgesetzt wird, eine Funktion des Saugdrucks, also dem Zwischendruck, und der Sauggastemperatur. Die Temperatur wird durch den Regler des Zwischenkühlers eingestellt. Der Druck ergibt sich aus dem Kräftegleichgewicht zwischen Expander- und Verdichterteil der Expander-Kompressor-Einheit, wenn der Verdichterteil in der Lage ist, den Gesamtmassenstrom zu komprimieren.

Um eine Druckdifferenz über den Verdichterteil der Expander-Kompressor-Einheit aufbauen zu können, gilt für die maximale Drehzahl der Hauptverdichter (C1 und C2) bzw. dem hieraus resultierenden Gesamtmassenstom die Bedingung (4.5).

$$\dot{m}_{ges} = \dot{m}_{\text{C-ECU}} \tag{4.5}$$

Wenn diese Bedingung erfüllt ist, ist keine Regelung des Verdichterteils notwendig. Steht der Kolbenverbund still und unter der Voraussetzung einer dichten Maschine, wird der Zwischendruck und der Hochdruck auf einen unzulässig hohen Wert ansteigen. Ist dies der Fall, werden die Verdichter des Verbundes mittels eines Druckschalters ausgeschaltet. Kommt es im Betrieb mit Expander-Kompressor-Einheit zum Erreichen der Bedingung

$$\dot{m}_{ges} > \dot{m}_{\text{C-ECU}} \tag{4.6}$$

wird der Verdichterteil durchströmt und der Saugdruck steigt über den Hochdruck (vgl.: Riha (2007)), da Verluste wie zum Beispiel Druckverluste über die Kompressorventile überwunden werden müssen. Aus diesem Grund muss eine Strategie gefunden werden, den Gesamtmassenstrom, an den von dem Verdichterteil der ECU förderbaren anzupassen, ohne Einfluss auf den Saugdruck zu nehmen. Zur Beschreibung der Regelstrategie für den Verdichterteil soll in Abbildung 4.7 der Einfluss des Massenstroms, der über den Verdichterteil geleitet wird, auf den Ansaugzustand (Zustandspunkt 6) verdeutlicht werden. Hierbei wird vorausgesetzt, dass die Bedingung (4.5) erfüllt ist, die Temperatur am Saugstutzen $t_{e,\text{C-ECU}}$ konstant bleibt und es möglich ist, den Gesamtmassenstrom konstant zu halten. Wird der Massenstrom eines Hauptverdichters mittels einer Drehzahlregelung reduziert, kann durch die Expander-Kompressor-Einheit, bei unveränderten Prozessbedingungen, mehr Masse abgesaugt werden, wodurch der Zwischendruck sinkt. In Abbildung 4.7 ist dies schrittweise durch die Zustandspunkte ($6 \rightarrow 6^* \rightarrow 6'$) dargestellt. Aus diesem Zusammenhang resultiert eine Erhöhung der Temperaturdifferenz zwischen der Austrittstemperatur aus dem Zwischenkühler und der Sättigungstemperatur (Taulinie). Diese Differenz wird als Überhitzung $\Delta T_{\text{oh,C-ECU}}$ bezeichnet.

Aus diesem Verhalten resultieren für die Regelung des Massenstroms folgende Zusammenhänge: Wird der Massenstrom auf den Verdichterteil reduziert, erhöht sich die Überhitzung. Bei einer Erhöhung verringert sich die Überhitzung. Da es im Betrieb nicht möglich ist den Massenstrom $\dot{m}_{\text{C-ECU}}$ zu reduzieren, ohne den Gesamtmassenstrom zu beeinflussen, und der Saugdruck eingestellt werden muss, muss der Massenstrom $\dot{m}_{ges}$ in Abhängigkeit des Verbundreglers aufgeteilt und um den Verdichterteil der Expander-Kompressor-Einheit geleitet werden (Massenstrombypass). Eine solche Aufteilung kann durch eine Zu- und Abschaltung einzelner Verdichter auf Zwischen- oder Hochdruck erfolgen. Eine hochwertigere Regelung erlaubt der Einsatz von Frequenzumrichtern (FU), da mit diesen die Drehzahl und somit die Leistung nahezu stufenlos an den Prozess angepasst werden kann. Für Verbundanlagen, also Anlagen mit mehreren parallelen Verdichtern, ist es Stand der Technik, mindestens einen Verdichter mit einem Frequenzumrichter auszustatten. Zur Regelung des in Gleichung (4.7) dargestellten Massenstromanteils für den

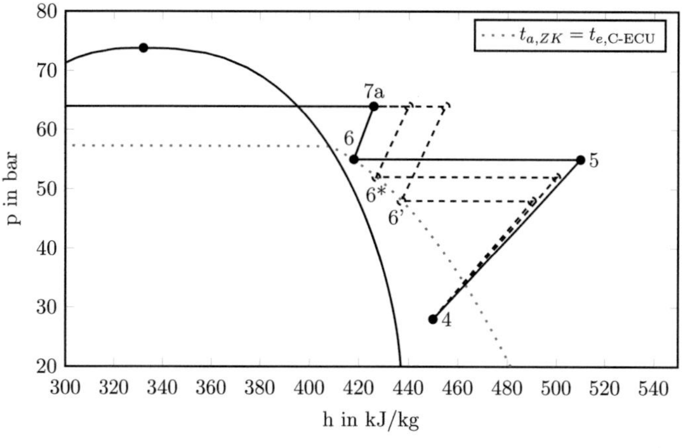

Abbildung 4.7: Veränderung des Eintrittszustandes in den Verdichterteil der ECU

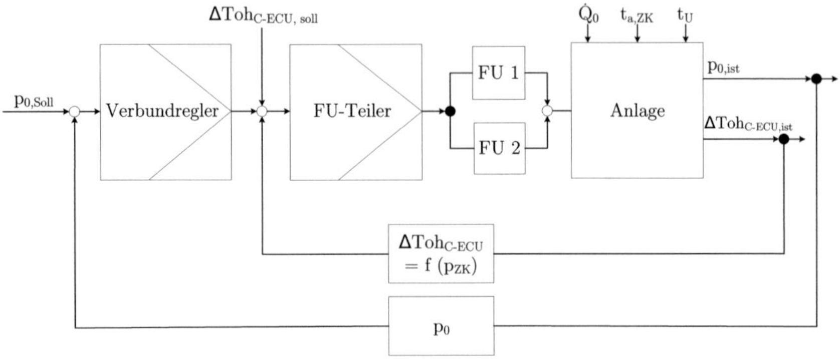

Abbildung 4.8: Wirkungsplan des Regelungskreises Massenstrombypass des Verdichterteils der ECU mit Frequenzteiler

Verdichter der Expander-Kompressor-Einheit ist ein zweiter frequenzgeregelter Verdichter notwendig. Von diesen beiden frequenzgeregelten Verdichtern ist einer dem Verdichtungsvorgang direkt auf Hochdruck und der zweite dem Verdichtungsvorgang auf den Zwischendruck zugeordnet.

$$\chi_{\text{C-ECU}} = \frac{\dot{m}_{\text{C-ECU}}}{\dot{m}_{ges}} \tag{4.7}$$

Welches Massenstromverhältnis im jeweiligen Betriebspunkt eingestellt werden muss, um eine Druckdifferenz über den Verdichterteil der Expander-Kompressor-Einheit zu erzielen, kann durch die Überhitzung $\Delta T_{oh,\text{C-ECU}}$ nach Gleichung (4.8)

$$\Delta T_{oh,\text{C-ECU}} = t_{\text{e,C-ECU}} - t_{LV}(f(p_{ZK})) \tag{4.8}$$

messtechnisch ermittelt werden. Diese Größe dient in einem zweiten Regler, dem Frequenz-Teiler (FU-Teiler), als Sollwertvorgabe um sicherzustellen, dass der Verdichterteil der Expander-Kompressor-Einheit eine Druckdifferenz nach der in Abbildung 4.7 erläuterten Methode aufbauen kann. Der zur Beschreibung der Regelung ermittelte Wirkungsplan ist in Abbildung 4.8 dargestellt. In diesem sind einzelne Rückkopplungen auf die Regler sowie verschiedene Einflussgrößen wie die Kältelast $\dot{Q}_0$ und die Umgebungstemperatur t_U im Wirkungsplan dargestellt. Beide Einflussgrößen wirken sich auf den Saugdruck aus. Durch eine steigende Kältelast muss der Gesamtmassenstrom angepasst werden. Dies geschieht in diesem Fall durch eine Erhöhung der Drehzahl der Verdichter. Ebenfalls eine Änderung der Drehzahl der Verdichter folgt zum Beispiel aus einem Anstieg der Umgebungstemperatur, da aus einer erhöhten Rückkühltemperatur ein erhöhter Verflüssiger- bzw. Gaskühlerdruck und daraus wiederum ein reduzierter Liefergrad der Verdichter resultiert. Des Weiteren übt die Regelgüte des Zwischenkühlers einen zusätzlichen Einfluss auf das Verhalten des FU-Teilers aus, da aus diesem Regelverhalten die Austrittstemperatur aus dem

Zwischenkühler $t_{a,ZK}$ folgt. Der Wirkungsplan bildet die Grundlage für den Programmablaufplan (PAP) zur Regelung des Massenstroms des Verdichterteils in Abhängigkeit der Verdampfungstemperatur bzw. des Verdampfungsdruckes und der Überhitzung am Eintritt in den Verdichterteil der Expander-Kompressor-Einheit. Ein solcher Ablaufplan ist in Abbildung 4.9 dargestellt.

Im Folgenden soll der entwickelte Ablauf des Programms dargelegt werden. Um in Abhängigkeit des Verbundreglers das in Gleichung (4.7) definierte Massenstromverhältnis einstellen zu können, wird der zweite frequenzgeregelte Verdichter genutzt. Der Programmablauf beginnt mit der Abfrage der Verflüssingungstemperatur $\mathrm{t_K}$, welche den Hochdruck bestimmt. Ist diese kleiner oder gleich einem frei einstellbaren Wert, wird vom ECU-Betrieb in den Betrieb mit Hoch- und Mitteldruckregelventil umgeschaltet. Diese Abfrage wurde aufgrund des Prototypenstatus implementiert und kann nach ausreichenden Dauerlauftest entfallen.

Ist die Expander-Kompressor-Einheit in Betrieb, wird zuerst der Saugdruck ermittelt und bei einer Abweichung vom Sollwert in einem eigenständigen und unveränderten Programm eine Stellgröße für die geregelten Verdichter in Form eines 0 - 10 Volt Signals generiert. Anschließend wird die Regelabweichung als Differenz zwischen dem Sollwert und dem Istwert berechnet und mit dem Sollwert verglichen. Ist die Regelabweichung negativ, wird die Drehzahl $\mathrm{f_{C2}}$ des Verdichters C2 um einen Faktor a erhöht und die Drehzahl des Verdichters C1 um den gleichen Faktor verringert. Bei einer positiven Regelabweichung wird die Drehzahl $\mathrm{f_{C2}}$ um den Faktor a reduziert und $\mathrm{f_{C1}}$ um den Faktor a erhöht. Durch Faktor a wird sichergestellt, dass der Gesamtmassenstrom und somit auch der gewünschte Saugdruck konstant bleiben. Aus dem Ausschnitt des Fließbildes der Versuchs- und Demonstrationsanlage in Abbildung 4.1 wird ersichtlich, dass der Verdichter C2 der Verdichtung auf den Zwischendruck und der Verdichter C1 der Verdichtung auf Hochdruck zugeordnet ist. Um die Beschreibung der Vorgehensweise allgemeingültig zu halten, wird die Bezeichnung der Verdichter C1 bzw. C2 durch den Bezeichnung $\mathrm{C_{PHD}}$ bzw. durch $\mathrm{C_{C\text{-}ECU}}$ ersetzt.
Somit folgt für die Benennung der Frequenzen in dem Programmablaufplan in Abbildung 4.9:

- $\mathrm{f_{C2}}$ entspricht $\mathrm{f_{C_{C\text{-}ECU}}}$
- $\mathrm{f_{C1}}$ entspricht $\mathrm{f_{C_{PHD}}}$

Werden auf dem Verbund, wie zum Beispiel in der Feldtestanlage, mehr als zwei Verdichter betrieben, und sind nur zwei davon mit einem Frequenzumformer ausgestattet, werden die nicht drehzahlgeregelten Maschinen vorzugsweise bei Bedarf zuerst auf Hochdruck geschaltet. Da ein Polynom zur Abbildung der Dampfdruckkurve in der Regelung nicht hinterlegt werden kann, wird im subkritischen Betriebsfall die zur Berechnung der Überhitzung notwendige Sättigungstemperatur, mittels einer Geradengleichung berechnet. Für den hier interessanten Druckbereich von

$$40\,\text{bar} \leq p_{a,ZK} \leq 73\,\text{bar}$$

kann eine Approximation einer Geradengleichung an die Dampfdruckkurve mit einer Genauigkeit von 0,99 (Bestimmtheitsmaß) erfolgen. Zur Parametrierung des Reglers des FU-Teilers ist es möglich, für die Erhöhung und Verringerung der Frequenzen getrennte Parameter für das P, I, D-Verhalten vorzugeben, um auf das dynamisches Regelverhalten Einfluss zu nehmen. Bei der Parametrierung der Regler ist im ECU-Betrieb darauf zu

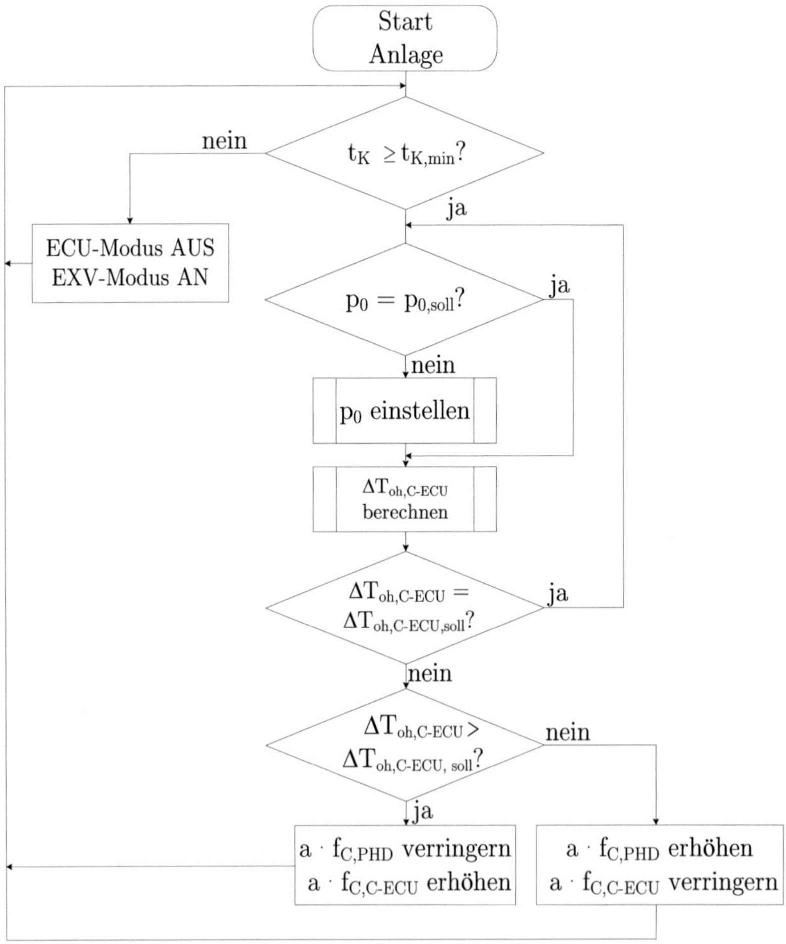

Abbildung 4.9: Programmablaufplan des FU-Teilers für den ECU-Betrieb

achten, dass für die in Abschnitt 4.2 beschriebene Abschaltung des Zwischenkühlers ein, im Vergleich zum FU-Teiler, geringerer Sollwert vorgegeben werden muss.

Es sei an dieser Stelle auf den Einfluss der Regelgüte des Verflüssigers und der Hochdruckregelung hingewiesen, da diese wiederum die Frequenz der Maschine und somit (über den Massenstrom) die Überhitzung $\Delta T_{\mathrm{oh,C\text{-}ECU}}$ beeinflussen.

5 Berechnung des Prozesses mit ECU

In diesem Kapitel werden die Berechnungsansätze für die Kreisprozessberechnung der Expander-Kompressor-Einheit vorgestellt. Die für die experimentellen Ergebnisse notwendige Berechnung der Leistungszahl bzw. des exergetischen Wirkungsgrades und der Messunsicherheit kann ebenfalls diesem Abschnitt entnommen werden.

Unter Beachtung der gewählten Regelstrategie wird eine Korrelation zur Bestimmung des Hochdrucksollwertes (optimaler Hochdruck) im transkritischen Betrieb und die Bestimmung des Hochdruckes im subkritischen Betrieb abgeleitet und diskutiert. Aufbauend auf der Ermittlung des errechneten Hochdrucksollwertes ist es möglich, weitere Prozessberechnungen wie das Verhalten des Mitteldruckes, den Einfluss der Unterkühlung und den Einfluss des zur Steuerung der Expander-Kompressor-Einheit notwendigen Schiebermassenstrom des Hauptschiebers auf den Prozess theoretisch zu untersuchen. Hierbei werden z.B. verschiedene Einbauvarianten von inneren Wärmeübertragern untersucht.

Die Benennung der einzelnen Prozesspunkte, welche im folgenden Verwendung finden, kann für beide Anlagen Abbildung 5.1 entnommen werden.

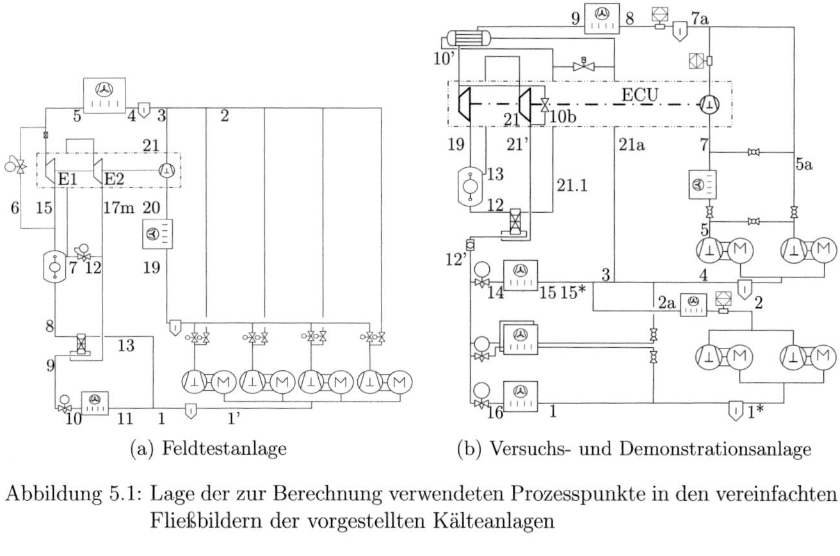

(a) Feldtestanlage (b) Versuchs- und Demonstrationsanlage

Abbildung 5.1: Lage der zur Berechnung verwendeten Prozesspunkte in den vereinfachten Fließbildern der vorgestellten Kälteanlagen

5.1 Berechnungsansätze

5.1.1 Gütegrad der Entspannung

Die in der vorliegenden Arbeit verwendete Expander-Kompressor-Einheit arbeitet nach dem Volldruckprinzip. Eine Entspannung nach diesem Prinzip ist in Abbildung 5.2 im p,V-Diagramm einer idealen Maschine dargestellt. Die Summe aus Verlust und der im Diagramm dargestellten Volldruckarbeit ergibt folglich die ideale, vollständige Entspannung. Aus der Arbeitsweise nach dem Volldruckprinzip resultieren die in Abbildung 5.2 dargestellten Rechteckflächen. Die gewonnene Arbeit kann nach Gleichung (5.1a) berechnet werden.

$$W = -\oint p\,dV \tag{5.1a}$$

Die Volldruckarbeit einer idealen Maschine (ohne Druckverluste) ergibt sich aus dem p,V-Diagramm somit zu:

$$W_{t,Volld,th} = (p_a - p_e)\,V \tag{5.1b}$$

Für die Bestimmung der Prozesspunkte bei stationären Anlagenverhalten, werden die nachfolgend aufgeführten Berechnungsgrundlagen genutzt. Der Gütegrad der Entspannung für eine ideale Maschine (ohne Schadraum und ohne Verluste bei der Volldruckent-

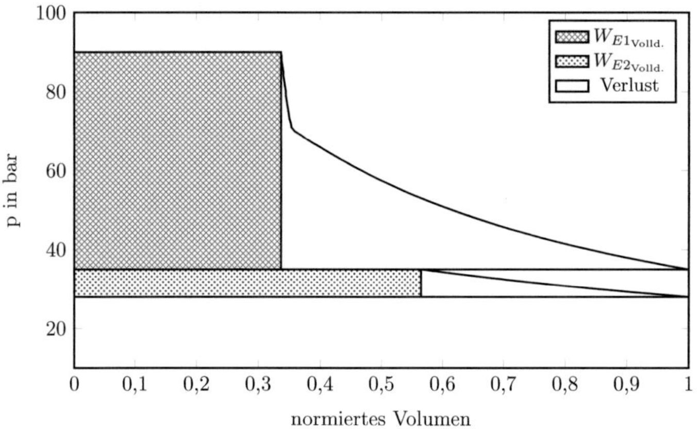

Abbildung 5.2: p,V-Diagramm der idealen Volldruckentspannung der beiden Entspannungsstufen

spannung) ist durch Gleichung (5.2) definiert.

$$\eta^{G}_{E,Volld,s} = \frac{(p_a - p_e)\, v}{\Delta h_s} \tag{5.2}$$

Wird eine adiabate Entspannungsmaschine vorausgesetzt, ergibt sich aus Gleichung (5.1b) und dem 1. Hauptsatz der Thermodynamik Gleichung (5.3) in der spezifischen Form

$$h_a = h_e - \left| w_{t,Volld,th} \right| . \tag{5.3}$$

5.1.2 Leistungszahl und exergetischer Wirkungsgrad

Zum energetischen Vergleich wird bei Kompressionskältemaschinen die Leistungszahl $\varepsilon_{\mathrm{KM}}$, welche das Verhältnis von Nutzen (Kälteleistung) zu dem Aufwand (Antriebsleistung) beschreibt, verwendet. Diese kann, bezogen auf die Feldtestanlage, mit nachstehender Gleichung berechnet werden.

$$\varepsilon_{\mathrm{KM}} = \frac{\dot{Q}_{0,NK}}{P_{NK}} \tag{5.4}$$

Für die energetische Bewertung der Versuchs- und Demonstrationsanlage ist zu beachten, dass auf zwei unterschiedlichen Temperaturniveaus ($t_{0,TK}$ und $t_{0,NK}$) auch ggf. unterschiedliche Kälteleistungen im EXV- und ECU-Betrieb bereitgestellt werden. Somit ist ein einfacher Vergleich der Leistungszahlen nicht mehr zulässig.

Nach Jungnickel u. a. (1990) kann zur energetischen Betrachtung von Prozesses mit unterschiedlichen Temperaturen der exergetische Wirkungsgrad Anwendung finden. Dieser kann nach Gleichung (5.5a) berechnet werden.

$$\eta_{ex} = \frac{\dot{E}_{x,\dot{Q}}}{\left(\dot{E}_{x,\dot{Q}} + \dot{E}_{x,V}\right)} \tag{5.5a}$$

$$= \frac{\dot{E}_{x,\dot{Q}}}{P} \tag{5.5b}$$

Hierin ist $\dot{E}_{x,V}$ der Exergieverluststrom und $\dot{E}_{x,\dot{Q}}$ der Exergiestrom des Wärmestroms. Nach Baehr u. Kabelac (2012) kann der Exergiestrom des Wärmestroms mit Gleichung (5.6) berechnet werden.

$$\left|\dot{E}_{x,\dot{Q}}\right| = \left(\frac{T_U}{T_0} - 1\right) \dot{Q} \tag{5.6}$$

Der Faktor $\left(\frac{T_U}{T_0} - 1\right)$ beschreibt den Carnot-Faktor η_C. Die Temperaturen T_U und T_0 bezeichnen in dieser Arbeit die thermodynamischen Temperaturen der Umgebung und der Verdampfung (vgl.: Baehr u. Kabelac (2012)).

Zwischen der Leistungszahl $\varepsilon_{\mathrm{KM}}$ und dem exergetischen Wirkungsgrad η_{ex} besteht der

Zusammenhang

$$\varepsilon_{\mathrm{KM}} = \frac{\dot{Q}_0}{\dot{E}_{x,\dot{Q}}}\,\eta_{ex} \tag{5.7a}$$

$$= \frac{T_0}{T_U - T_0}\,\eta_{ex}\,. \tag{5.7b}$$

Der Vorfaktor in Gleichung (5.7b) stellt die Leistungszahl des Carnot-Prozesses dar. Ein solcher Prozess besteht aus zwei Isothermen (Wärmeabgabe und Wärmeaufnahme) und zwei Isentropen (Verdichtung und Entspannung), ist reversibel und bildet so den Vergleichsprozess. Der exergetische Wirkungsgrad beschreibt die Annäherung an den theoretischen Vergleichsprozess. Er kann für die Versuchs- und Demonstrationsanlage, welche Kälteleistung auf unterschiedlichen Temperaturniveaus bereitstellt, wie folgt bestimmt werden:

$$\eta_{ex} = \frac{\dot{E}_{x,\dot{Q}_{0,NK}} + \dot{E}_{x,\dot{Q}_{0,TK}}}{P_{NK} + P_{TK}} \tag{5.8}$$

Bei den vergleichenden Bewertungen der Anlage mit ECU wird die Steigerung der Leistungszahl gegenüber einem Prozess mit Hoch- und Mitteldruckregelventil (EXV) durch Gleichung (5.9) definiert.

$$\Delta\varepsilon_{\mathrm{KM}} = \frac{\varepsilon_{ECU} - \varepsilon_{EXV}}{\varepsilon_{EXV}} 100\% \tag{5.9}$$

Bei der vergleichenden Bewertung durch den exergetischen Wirkungsgrad (Versuchs- und Demonstrationsanlage), wird in Gleichung (5.9) $\varepsilon_{\mathrm{KM}}$ durch η_{ex} ersetzt. Es ist anzumerken, dass bei einer ganzheitlichen Betrachtung bei der Bestimmung der Leistungszahl und des exergetischen Gütegrades die Antriebsleistungen der Nebenaggregate, wie zum Beispiel die Lüfter des Zwischenkühlers und des Gaskühlers, ebenfalls im Nenner des Quotienten der Gleichungen (5.4) und (5.8) auftauchen müssten. Im EXV-Betrieb wird der Zwischenkühler in Reihe zum Gaskühler geschaltet. Diese zusätzlichen Leistungen werden nicht berücksichtigt. Des Weiteren muss bei der Verwendung von Gleichung (5.9) bei der Versuchs- und Demonstrationsanlage darauf geachtet werden, dass die Leistungszahlen bzw. exergetischen Wirkungsgrade nur vergleichbar sind, wenn die Verdampfungstemperaturen $t_{0,TK}$ bzw. $t_{0,NK}$ und die Umgebungstemperatur T_U des EXV- und ECU-Prozesses identisch sind.

5.1.3 Massenstrom des Verdichterteils und Schiebermassenstrom der ECU

Gleichung (5.10a) beschreibt den für einen doppelt wirkenden Kompressorkolben mit einseitig angebundener Kolbenstange gültigen Massenstrom.

$$\dot{m}_{\text{C-ECU}} = \underbrace{(1+\psi)\, f\, A_{Ko}\, s\, \lambda_{\text{C-ECU}}}_{\dot{V}_{\text{H,C-ECU}}}\, \varrho_e \tag{5.10a}$$

Das hierin enthaltene Kolbenstangenverhältnis berechnet sich mit Gleichung (5.10b).

$$\psi = 1 - \left(\frac{d_{St}}{d_{Ko}}\right)^2 \tag{5.10b}$$

Zur Beeinflussung der Frequenz der ECU und damit zur Regelung des Hochdruckes wird ein Teil des in die erste Entspannungsstufe eintretenden Massenstroms, der Schiebermassenstrom $\dot{m}_{\text{HaS}}$, genutzt. Dieser Teilmassenstrom wird über ein Hochdruckventil geregelt und auf das Druckniveau am Austritt der zweiten Entspannungsstufe entspannt. In Abbildung 5.1(b) ist der Austritt des Ventils mit dem Prozesspunkt *10b* gekennzeichnet. Zur Berechnung wird eine isenthalpe Entspannung angenommen. Somit kann die Bilanz um den Mischpunkt, wie folgt geschrieben werden:

$$\dot{m}_{21'} h_{21'} = \dot{m}_{21} h_{21} + \dot{m}_{10b} h_{10b} \tag{5.11}$$

In Gleichung (5.11) entspricht der Massenstrom an dem Prozesspunkt 10b dem Schiebermassenstrom des Hauptschiebers $\dot{m}_{HaS}$. Dieser Massenstrom kann nach Gleichung (5.12) bestimmt werden.

$$\dot{m}_{HaS} = V_{H,HaS}\, f\, s_{HaS}\, \lambda_{\text{HaS}}\, \varrho_e \tag{5.12}$$

Die zur Berechnung notwendige Dichte, wird aus der Eintrittstemperatur und dem Eintrittsdruck in die erste Entspannungsstufe ermittelt.

5.1.4 Leistungsbilanz

Expander-Kompressor-Einheit

Aus der direkten Kopplung von arbeitsleistender Entspannung in den Entspannungsstufen mit der Kompression im Verdichterteil folgt für eine ideale Maschine Gleichung (5.13).

$$\underbrace{\dot{m}_{\text{C-ECU}}\, \Delta h_{s,\text{C-ECU}}}_{P_{th,\text{C-ECU}}} = \underbrace{\sum_{i=1}^{n} w_{t,Volld,th,i}\, \dot{m}_i}_{P_{th,E}} \tag{5.13}$$

Prozess

Da im Rahmen dieser Arbeit die Leistung des Wärmepumpenverdampfers im NK-Betrieb in das System mit eingebracht wurde, kann die Gesamtleistung in einem solchen Betriebsfall $\sum \dot{Q}_{0,NK}$ aus der Gesamtbilanz (Gleichung (5.14)) bestimmt werden. Im Betrieb mit Wärmepumpenverdampfer wurde der Enthitzer für das TK-Druckgas nicht genutzt.

$$\underbrace{\dot{Q}_{0,NK} + \dot{Q}_{0,\text{WP-NK}}}_{\sum \dot{Q}_{0,NK}} + \dot{Q}_{0,TK} + \sum P_{TK} + \sum P_{NK} = \dot{Q}_{ZK} + \dot{Q}_K \tag{5.14}$$

Die Leistung des Verflüssigers bzw. Gaskühlers kann nach Gleichung (5.15) ermittelt werden.

$$\dot{Q}_K = \dot{m}_{ges}(h_8 - h_9) \tag{5.15}$$

Im ECU-Betrieb berechnet sich die Eintrittsenthalpie in den Gaskühler aus der Bilanz um den Mischpunkt zu

$$h_8 = \frac{\dot{m}_{7a}h_{7a} + \dot{m}_{5a}h_{5a}}{\dot{m}_8} \tag{5.16}$$

ergibt. Im Drosselbetrieb sind Betriebszustände möglich, bei denen zu Beginn eines Bilanzzeitraumes Verdichter C1 und C2 in Betrieb sind und anschließend ein Verdichter ausschaltet. In diesem Betriebsfall sinkt für den ausgeschalteten Verdichter die Austrittstemperatur. Dies muß sowohl bei der Auswertung, wie auch bei der Fehlerrechnung abgefangen werden.

5.1.5 Druck im Mitteldruckabscheider

Im EXV-Prozess wird der Druck im Mitteldruckabscheider mittels eines Regelventils auf einen fest einstellbaren Sollwert geregelt. Wie aus Abbildung 5.1 ersichtlich ist, wird dieses Regelventil im ECU-Prozess analog dem Hochdruckregelventil durch eine Entspannungsstufe (E2) ersetzt. Bedingt durch die Bauart der Expander-Kompressor-Einheit kann dem Mitteldruck nicht mehr ein frei wählbarer Sollwert zugewiesen werden. Im quasistationären Betriebsfall muss für die Massenbilanz gelten

$$\dot{m}_{e,MDA} = \dot{m}_{a,MDA,fl} + \dot{m}_{FG} \tag{5.17a}$$

mit der Bedingung

$$\dot{m}_{E2} = \dot{m}_{FG}\ . \tag{5.17b}$$

Da der aus der Energiebilanz um den Mitteldruckabscheider resultierende Flashgasmassenstrom $\dot{m}_{FG}$ mit dem von der zweiten Entspannungsstufe (E2) geförderten Massenstrom nicht in jedem Betriebspunkt übereinstimmt, ist der Druck im Abscheider über den Jahresgang veränderlich. Gleichung (5.18a) bildet die Berechnungsgrundlage des von der zweiten Entspannungsstufe durchgesetzten Massenstroms $\dot{m}_{E2}$ für die NK-Anlage und für die Versuchs- und Demonstrationsanlage in der letzten Konfiguration des inneren Wärmeübertrager IWÜ (2).

$$\dot{m}_{E2} = V_{H,E2}\, f\, \lambda_{E2}\, \varrho^{''} \tag{5.18a}$$

Wobei der Massenstrom des trocken gesättigten Dampfes (Flashgas) aus dem Mitteldruckabscheider mit Gleichung (5.18b) bestimmt werden kann.

$$\dot{m}_{FG} = \dot{m}_{e,MDA}\, x_{e,MDA} \tag{5.18b}$$

Des Weiteren gilt für die Dichte des trocken gesättigten Dampfes am Austritt des Mitteldruckabscheiders in Gleichung (5.18a) die Beziehung

$$\varrho^{''} = f(p_{\mathrm{MDA}}) \tag{5.19a}$$

und für den Dampfgehalt im Mitteldruckabscheider

$$x_{e,MDA} = f(p_{\mathrm{MDA}},\, p_{HD},\, t_{e,Exp},\, \eta^{G}_{E1})\,. \tag{5.19b}$$

Zusätzlich zu den in Gleichung (5.19a) bis (5.19b) dargestellten Größen gilt Gleichung (5.20).

$$\dot{m}_{e,MDA} = \dot{m}_{e,E1} - \dot{m}_{HaS} \tag{5.20}$$

Somit muss eine weitere Größe zur Betrachtung des Drucks im Abscheider hinzugezogen werden. Dies ist der Schiebermassenstrom $\dot{m}_{HaS}$, welcher nach Gleichung (5.12) bestimmt werden kann.

5.1.6 Liefergrad

Der Liefergrad beschreibt das Verhältnis zwischen dem real geförderten und dem ideal pro Arbeitsspiel durchgesetzten Massenstrom. Für einen Kolbenverdichter kann er mit Gleichung (5.21a)

$$\lambda_{\text{C-ECU}} = \frac{\dot{m}_{\text{C-ECU}}}{V_{\text{H,C-ECU}}\, f\, \varrho_e} \tag{5.21a}$$

ermittelt werden. Für den des Expanders mit doppelt wirkenden Kolben wird er, ähnlich der Definition eines Wirkungsgrades ($\lambda < 1$), durch

$$\lambda_E = \frac{2\, V_{\mathrm{H,E}}\, f\, \varrho_e}{\dot{m}_E} \tag{5.21b}$$

definiert (Nickl (2007)). Der Liefergrad setzt sich nach Gleichung (5.22a) aus dem Rückexpansionsfaktor λ_R, dem Druckfaktor λ_p, dem Temperaturfaktor λ_{Temp} und dem Dichtheitsfaktor λ_{Di} zusammen. Die einzelnen Faktoren können nach Groth (1995) und Kleinert (1989) für einen Hubkolbenverdichter wie folgt berechnet werden.

$$\lambda = \lambda_R \, \lambda_p \, \lambda_{Temp} \, \lambda_{Di} \tag{5.22a}$$

mit den Faktoren:

$$\lambda_R = 1 - \varepsilon_0 \left[Z_e \frac{1}{Z_a} \left(\frac{p_a}{p_e} \right)^{1/n} - 1 \right] \tag{5.22b}$$

$$\lambda_p = 1 - \frac{1+\varepsilon_0}{\lambda_R} \frac{\Delta p_e}{p_e} \tag{5.22c}$$

$$\lambda_{Temp} = A\,\Pi + B \tag{5.22d}$$

Mit den Koeffizienten der Gleichung (5.22d): A = -0,0161 und B = 0,9905. Bei hohen Drücken werden in Gleichung (5.22b) nach Groth (1995) die Realgasfaktoren Z_e und Z_a verwendet, um die Volumenänderung gegenüber idealen Gasen im Ansaug- bzw Druckzustand zu beschreiben. Der Polytropenexponent n kann nach Gleichung (5.23) bestimmt werden (Groth (1995)).

$$n = \frac{\ln\left(p_a/p_e\right)}{\ln\left(v_e/v_a\right)} \tag{5.23}$$

Das Schadraumverhältnis ε_0 kann durch Gleichung (5.24) ermittelt werden.

$$\varepsilon_0 = V_0/V_H \tag{5.24}$$

V_0 bezeichnet das Volumen beim Schließen des Druckventils und wird in der Literatur auch als Schadraum bezeichnet. Er entsteht zum Beispiel durch die Notwendigkeit von Raum für die Ventile, thermische Längenänderung und durch Ein - und Ausströmkanäle vom Arbeitsraum zu den Ventilen (Groth (1995)).

Für die Vorausberechnung kann der Dichtheitsfaktor λ_{Di} nach Kleinert (1989) aufgrund von zeitlich wechselnden Randbedingungen und der Unsicherheit der Spaltabmessungen nur abgeschätzt werden.

Nickl (2007) gibt Berechnungsgleichungen für den Leckagemassenstrom über die Kolbenringe an und berechnet einen Dichtheitsfaktor von größer 0,96 für den Expander und 0,99 für den Verdichter, weist aber in der Auswertung des Versuches auf den größer als berechneten Einfluss der inneren Leckagen hin.

Innere Leckagen können von Stufe zu Stufe, an den Dichtflächen der einzelnen Segmente, über die Kolbenstange und über den Hauptschieber (von E1 zu E2) erfolgen. Aus diesem Grund wird der Dichtheitsfaktor für Expander und Verdichter in Anlehnung an die, durch Kleinert (1989) angegebenen Werte mit 0,90 abgeschätzt. Mit der Kenntnis des Ausnutzungsgrades der ersten Entspannungsstufe,des Schiebermassenstroms und den in die erste Entspannungsstufe eintretenden Massenstrom sowie der Eintrittsdichte, kann die Frequenz der Expander-Kompressor-Einheit bestimmt werden.

5.1.7 Mechanische Verluste bei der Kraftübertragung

Die z.B. durch Reibung verursachten Verluste bei der Bewegung des Kolbenverbundes werden in dem mechanischen Wirkungsgrad nach Gleichung (5.25) zusammengefasst.

$$\eta_m = \frac{P_{\text{C-ECU}}}{P_{E1} + P_{E2}} \tag{5.25}$$

Nickl (2007) führt den Einfluss der Reibung auf den Anpressdruck der Kolbenringe zurück, und gibt einen Gesamtreibungsfaktor von $> 0{,}98$ an. Nach Kaiser (1984) ist der Verlustanteil durch Reibung zusätzlich von verschiedenen weiteren Faktoren wie der Oberflächenbeschaffenheit des Zylinders, der Menge und der Schmierfähigkeit des Ölfilms usw. abhängig. Auch Süß (1998) weist auf die Bedeutung eines Schmierfilms hin. Aus diesem Grund wurde die Maschine so installiert, dass sich der Verdichterteil der Expander-Kompressor-Einheit in Strömungsrichtung vor dem Ölabscheider installiert. Dies hat den Vorteil, dass der Ölwurf der Hauptverdichter zur Schmierung genutzt werden kann.

Die Menge des im Kreislauf umlaufenden Öls hängt unter anderem von dem Ölwurf der Hauptverdichter, dem Abscheidegrad des Ölabscheiders und der Installationsgüte der Anlage ab. Zusätzlich ist zu beachten, dass der zweiten Entspannungsstufe ohne aktive Schmierung nur ein Kältemittel/Öl-Nebel zur Schmierung zur Verfügung steht.

Da der Ölwurf der Hauptverdichter zusätzlich eine Funktion des Hochdruckes ist und analog zum Abscheidegrad des Ölabscheiders keine konkreten Werte vorliegen, wird der mechanische Wirkungsgrad η_m mit 0,9 angenommen.

5.1.8 Druckverluste

Ausgehend von einem für die Entspannung zur Verfügung stehenden Druckverhältnis kann aus Abbildung 5.2 geschlossen werden, dass die Verringerung des Gütegrades der Entspannung nach dem Volldruckprinzip mit einer mehrstufigen Entspannung entgegengewirkt werden kann. Aufgrund dieser Tatsache schlägt Nickl (2007) eine Expander-Kompressor-Einheit mit drei in Reihe geschalteten Entspannungsstufen vor. Es muss aber, aufgrund der auftretenden Druckverluste beim Überströmen von einer zur nächsten Stufe geprüft werden, ob eine mehrstufige Entspannung einen energetischen Vorteil bietet.

Im Hinblick auf die energetische Bewertung einer mehrstufigen Entspannung muss auch die Summenhäufigkeit der Außentemperaturen bei luftgekühlten Wärmeübertragern beziehungsweise im Allgemeinen die Temperatur der zur Verfügung stehenden Wärmesenke berücksichtigt werden, da aus verringerten Rückkühltemperaturen reduzierte Hochdrücke und eine geringere Druckdifferenz über den Expander folgt (vgl.: Wenzel u. Nickl (2009)).

Wird die Maschine in ein System mit Mitteldruckabscheider integriert, reduziert sich der Gegendruck für die Hochdruckentspannung und somit die nutzbare Druckdifferenz über den Expander zusätzlich.

Zusätzlich zu dem Ausnutzungsgrad beeinflussen Druckverluste in der Anlage und in der Expander-Kompressor-Einheit, die in Gleichung (5.13) dargestellte theoretische Leistung des Expanders und des Verdichters. Diese nehmen Einfluss auf den Gütegrad der Verdichtung und Entspannung. Bei dem Expander reduzieren Druckverluste in den in Strömungsrichtung vorgeschalteten Einbauten wie z.B. Ölabscheider, Gaskühler, Rohrleitungen und Druckverluste beim Ein-und Ausströmen das zur Entspannung zur Verfügung stehende Druckgefälle. Somit reduziert sich durch Druckverluste zum einen die nutzbare Leistung des Expanders, und es erhöht sich die nötige Antriebsleistung für den Verdichter.

Für inkompressible Medien kann der Druckverlust in Rohrleitungen nach Gleichung (5.26a) ermittelt werden.

$$\Delta p = \lambda_{\text{Rei}} \frac{l}{d} \frac{\varrho}{2} c^2 \tag{5.26a}$$

Für die Berechnung des Druckverlustes interessiert ebenfalls der Druckabfall durch Armaturen und Einbauteile wie zum Beispiel Ventile und Formstücke. Dieser kann nach Gleichung (5.26b) berechnet werden.

$$\Delta p = \zeta \frac{\varrho}{2} c^2 \tag{5.26b}$$

Da der hydrostatische Druck in dieser Arbeit nicht berücksichtigt wird, ergibt sich der Druckverlust aus der Summe aus Gleichung (5.26a) und (5.26b).

Nach Jungnickel u. a. (1990) kann unter der Voraussetzung geringer Druckunterschiede, wie sie bei CO_2 zu erwarten sind, Gleichung (5.26a) auch bei kompressiblen Strömungen Verwendung finden. Die Ermittlung des Reibungsbeiwertes λ_{Rei} erfolgt unter der Voraussetzung hydraulisch glatter Rohre nach Jungnickel u. a. (1990) wie folgt.
Für Reynoldszahlen bis 10^5 gilt

$$\lambda_{\text{Rei}} = \frac{0,316}{\sqrt[4]{Re}} \tag{5.27a}$$

sowie für den Bereich $10^5 < Re > 10^8$

$$\lambda_{\text{Rei}} = 0,0032 + \frac{0,221}{Re^{0,237}} \,. \tag{5.27b}$$

Der Widerstandsbeiwert ζ kann den Herstellerunterlagen der Anlagenkomponenten oder Dubbel (2007) entnommen werden. Es sei an dieser Stelle noch auf die Berechnung des Rohrreibungsbeiwertes unter laminarer Strömung ($Re < 2800$) hingewiesen. In diesem Fall kann der Rohrreibungsbeiwert zu $\lambda_{\text{Rei}} = \frac{64}{Re}$ ermittelt werden.

Druckverluste des Verdichterteils der Expander-Kompressor-Einheit

Im Verdichterteil resultiert aus den Druckverlusten durch die Ventile ein erhöhter Leistungsbedarf bei der Verdichtung des Kältemittels. Nickl (2007) gibt zur Berechnung des Druckfaktors des Verdichterteils $\eta_{\text{P,C-ECU}}$, welcher den Charakter eines Wirkungsgrades hat ($\eta < 1$), Gleichung (5.28a)

$$\eta_{\text{P,C-ECU}} \approx \frac{1}{1 + \zeta_{V,Sp} \frac{(2\,\pi\,s\,f)^2}{\Delta h_{s,\text{C-ECU}}} \left(\frac{A_{\text{C-ECU}}}{A_{\text{V,Sp}}}\right)^2} \tag{5.28a}$$

mit dem Druckverlustbeiwert

$$\zeta_{V,Sp} \approx A + B\,\frac{A_{\text{V,Sp}}}{A_{\text{V,Si}}} \tag{5.28b}$$

und den Koeffizienten A = 0,55 und B = 4,7 an. Hierin sind die geometrischen Parameter Kolbenfläche des Kompressorkolbens $A_{\text{C-ECU}}$, Ventilspaltfläche $A_{\text{V,Sp}}$ und die Ventilsitzfläche $A_{\text{V,Si}}$ enthalten.

5.1.9 Zwischendruck

Der Zwischendruck bezeichnet den am Saugstutzen des Verdichterteils der Expander-Kompressor-Einheit vorherrschenden Druck. Aus Gleichung (5.13) und (5.25) folgt für die Leistungsbilanz der Expander-Kompressor-Einheit mit dem in Gleichung (5.28a) angegebenen Druckfaktor des Verdichterteils der Expander-Kompressor-Einheit und dem mechanischen Wirkungsgrad Gleichung (5.29).

$$\dot{m}_{\text{C-ECU}}\,\frac{\Delta h_{\text{s,C-ECU}}}{\eta^G_{\text{C-ECU}}}\,\frac{1}{\eta_{\text{P,C-ECU}}} = (P_{E1} + P_{E2})\;\eta_m \tag{5.29}$$

Hierin ist $\eta^G_{\text{C-ECU}}$ der isentrope Gütegrad der Verdichtung. Zur Berechnung wurde aufgrund der Ausführungen in Riha (2007) und Nickl (2007) ein Wert von 0,80 angenommen.

Da nach Gleichung (5.10a) der Massenstrom $\dot{m}_{\text{C-ECU}}$ von der Dichte am Saugstutzen abhängig ist, welche wiederum eine Funktion von Druck und Temperatur ist, wird in der Berechnung der Saugdruck iterativ ermittelt, sodass Gleichung (5.29) erfüllt ist.

5.2 Messunsicherheit

Nach Bantel (2000) sollte jede Messreihe nach deren Erstellung hinsichtlich sogenannter grober Fehler untersucht werden, da diese z.B. den Mittelwert der Messreihe negativ beeinflussen können. In der vorliegenden Arbeit zählen hierzu zum Beispiel verfälschte Werte für den Massenstrom des Verdichterteils der Expander-Kompressor-Einheit. Ein für die Praxis auszuschließender Wert kann bei der Messung des Massenstroms durch ein zweiphasiges Fluid im Lyrabogen des Coriolis-Sensor hervorgerufen werden. Am Verdichterteil der ECU können z.B. folgende Zustände auftreten:

1. Es wird zu viel Öl am Eintritt des Verdichterteils der ECU eingespritzt.

2. Aufgrund der Trägheit der Regelung saugt der ECU-Verdichterteil zweiphasiges Kältemittel an.

Ebenfalls wurden nach längerer Betriebszeit kurze Aussetzer im Messaufnehmer der Massenstromsensoren festgestellt, welche nach der Messung von der Mittelwertbildung ausgenommen wurden.

Die zufälligen Fehler sind während einer Messung unvermeidlich und müssen daher genauer betrachtet werden. Hierzu dienen die Angaben in Tabelle 3.1 und 3.2. Zur Bestimmung der Messunsicherheiten der einzelnen Prozessgrößen sowie der hieraus berechneten Werte wie die Leistungszahl usw., kann das *Gauß'sche Fehlerfortpflanzungsgesetz* nach Gleichung (5.30) verwendet werden.

$$m_f = \sqrt{\left(\frac{\partial f}{\partial x} m_x\right)^2 + \left(\frac{\partial f}{\partial y} m_y\right)^2 + ...} \tag{5.30}$$

In der Auswertung der Messwerte wird die, in der Kältetechnik übliche, Enthalpiedifferenz verwendet. Nach Gleichung (5.30) muss somit die Funktion der aus zwei Messgrößen berechneten Enthalpie, partiell abgeleitet werden. Da diese Stoffdatenfunktion nicht bekannt ist, wird die Unsicherheit der Enthalpie an einem Messpunkt durch Variation der gemessenen physikalischen Größen bestimmt. Alle Berechnungen zur Messunsicherheit werden getrennt für den EXV- und den ECU-Betrieb mittels eines Skripts in der Sprache VBA ausgeführt. Hierin werden zu Beginn einer Prozedur mittels einer Schleife die mittleren Fehler an den Prozesspunkten bestimmt und im Anschluss der mittlere Fehler der Leistungszahl bzw. des exergetischen Wirkungsgrades. Ebenso werden die mittleren Fehler der Leistung ausgegeben.

Für Addition und Subtraktion kann Gleichung (5.30) wie folgt vereinfacht werden:

$$m_f^2 = m_x^2 + m_y^2 + ... \tag{5.31}$$

Für Multiplikation und Division kann der relative Fehler r_x in der $\overline{x}$ den Mittelwert bezeichnet, durch Gleichung (5.32) ausgedrückt werden.

$$r_x = \frac{m_x}{\overline{x}} \tag{5.32}$$

Somit gilt für den relativen Fehler einer Messgröße Gleichung (5.33).

$$r_f^2 = r_x^2 + r_y^2 + ... \tag{5.33}$$

Die Beschreibung der Berechnung soll nachfolgend am Beispiel der Versuchs- und Demonstrationsanlage erfolgen.

Am Beispiel der Kälteleistung und der Antriebsleistung wird die Vorgehensweise für die Bestimmung der Messunsicherheit des exergetischen Wirkungsgrades der Versuchs- und Demonstrationsanlage dargestellt. Mit den eingeführten Rechenregeln kann der mittlere Fehler der Kälteleistung nach Gleichung (5.34a) bestimmt werden. In Versuchsreihen, in denen der Wärmepumpenverdampfer keine Anwendung findet, wird dieser im Berechnungsalgorythmus automatisiert von der Berechnung ausgeklammert.

$$m_{\sum \dot{Q}_0} = \sqrt{m^2_{\dot{Q}_{0,NK}} + m^2_{\dot{Q}_{0,TK}} + m^2_{\dot{Q}_{0,WP}}} \tag{5.34a}$$

Hieraus folgt der relative Fehler für die Kälteleistung:

$$r_{\sum \dot{Q}_0} = \frac{m_{\sum \dot{Q}_0}}{\sum \dot{Q}_0} \tag{5.34b}$$

Für den Fehler der Antriebsleistung gilt analog:

$$m_{\sum P} = \sqrt{m^2_{P_{NK}} + m^2_{P_{TK}}} \tag{5.35a}$$

$$r_{\sum P} = \frac{m_{\sum P}}{\sum P} \tag{5.35b}$$

Bei der Berechnung des Fehlers für den Massenstrom des NK-Verdampfers wurde davon ausgegangen, dass sich im Mitteldruckabscheider der Flüssigkeitsstand im Bilanzzeitraum nicht ändert. Dies konnte messtechnisch nachgewiesen werden.

Für die Bestimmung des Messbereiches der Wirkverbrauchzähler wird, nach Absprache mit dem Hersteller, ein $\cos\varphi$ von $0,95$ angenommen. Es soll hier angemerkt sein, dass mit zunehmendem Mess- und Rechenaufwand zur Bestimmung des exergetischen Wirkungsgrades - bei gleichbleibender Messtechnik - aufgrund der Fehlerfortpflanzung die Messunsicherheit zunimmt. Für einen Kreislauf mit ECU nach Abbildung 1.10 gibt Heyl (1999) eine Unsicherheit von 5 % an. In den Dissertationen von Lemke (2005) und Gernemann (2003) werden ebenfalls Anlagen vergleichbarer Konfiguration (Mitteldruckabscheider) experimentell untersucht, allerdings sind keine Messunsicherheiten zu den Leistungszahlen bzw. exergetischen Wirkungsgraden angegeben.

5.3 Berechnungen

5.3.1 Randbedingungen für die Berechnungen

Die in den folgenden Abschnitten vorgestellten Berechnungen zum Prozess mit der in dieser Arbeit verwendeten Expander-Kompressor-Einheit werden exemplarisch für die Versuchs- und Demonstrationsanlage durchgeführt.

Es werden sowohl für den subkritischen- wie auch für den transkritischen Betriebsfall Funktionen zur Bestimmung des optimalen Hochdrucks mit der in dieser Arbeit verwendeten ECU diskutiert. Zusätzlich soll gezeigt werden, wie sich der Druck im Mitteldruckabscheider bei verschiedenen Prozessbedingungen unter Verwendung des aktuellen Prototypen einstellen wird. Weiterhin wird der Einfluss einer Reduzierung der Temperatur des Kältemittels am Eintritt in die erste Entspannungsstufe diskutiert. Hierbei ist eine, für den sicheren Anlagenbetrieb notwendige Betrachtung der Einfluss des zur Steuerung des Hauptschiebers genutzte Schiebermassenstrom und der Einfluss des Dampfgehaltes des aus der zweiten Expansionsstufe austretenden Kältemittels auf die Überhitzung am Saugstutzen der NK-Verdichter. Zur Berechnung werden verschiedene Prozessschaltungen mit inneren Wärmeübertragern untersucht. Es gelten, wenn nicht anderes im betreffenden Abschnitt genannt, folgenden Annahmen:

- $\dot{m}_{\text{ges}} = 0,20\,\text{kg/s}$
- $\dot{m}_{\text{TK}} = 0,0384\,\text{kg/s}$
- $\eta_{\text{mech, ECU}} = 0,9$
- $\eta^{G}_{\text{s,C-ECU}} = 0,8$
- $\eta^{G}_{\text{s,TK-Verdichter}} = 0,5$
- Verdampfungstemperatur der NK-Verdampfer $t_{0,NK} = -10\,°\text{C}$
- Verdampfungstemperatur der TK-Verdampfer $t_{0,TK} = -35\,°\text{C}$
- Überhitzung des Kältemittels am Austritt aus den Verdampfern der jeweiligen Stufe: $\Delta T_{oh,NK}$ und $\Delta T_{oh,TK} = 12\,\text{K}$
- minimale Temperaturdifferenz in den inneren Wärmeübertragern IWÜ (1) und (2): $\Delta T_{\text{min,IWÜ}} = 5\,\text{K}$

- Der isentrope Gütegrad der NK-Verdichter wird mittels eines durch den Hersteller bereitgestellten Polynoms in Abhängigkeit des Druckverhältnisses Π berechnet. Für die TK-Verdichter wird eine Herstellerangabe verwendet, da sich hier das Druckverhältnis nicht ändert.

- Gleichheit der Temperaturen $t_{a,GK}$ und $t_{a,ZK}$ bzw. $t_{e,\text{C-ECU}}$

Die Ausnutzungsgrade der einzelnen Stufen werden mit Gleichung (5.22a) ermittelt, wobei die Faktoren λ_P, λ_R und λ_{Temp} der ersten und zweiten Entspannungsstufe eins gesetzt werden. Die Berechnung des Austrittszustandes aus den Entspannungsstufen erfolgte nach Gleichung (5.3). Der Liefergrad des Hauptschiebers wird in erster Näherung mit dem berechneten Liefergrad der ersten Entspannungsstufe gleich gesetzt. Zu Berechnung der Druckverluste werden aus der Konstruktion der Expander-Kompressor-Einheit nach Dubbel (2007) für beide Entspannungsstufen ein Widerstandsbeiwert beim Einströmen von 3,06 angesetzt.

5.3.2 Optimaler Hochdruck mit ECU

In den hier vorgestellten Anlagen und auch in anderen in der Praxis bekannten R744-Kälteanlagen für die Gewerbekälte wird sowohl im sub- wie auch im transkritischen Betriebsfall der Hochdruck geregelt. In Anlagenschaltungen mit Entspannungsventilen (EXV-Prozess) übernimmt dies das sogenannte Hochdruckregelventil. Bei der Einbindung mit Expander-Kompressor-Einheit, welche das HD-Regelventil ersetzt, muss die Hochdruckregelung durch die Maschine erfolgen. Aus diesem Grund soll nachfolgend die Ermittlung des Sollwertes für die Hochdruckregelung dargelegt werden.

Subkritischer Betriebsfall

Im subkritischen Betriebsfall ist der Hochdruck an die durch den Verflüssiger erreichbare Verflüssigungstemperatur ($p_{HD} = f(t_{a,K})$)) gekoppelt. Bei der Verwendung von Kältemitteln wie z.B. R134a und R404A verlaufen die Isothermen im Flüssigkeitsgebiet aufgrund des deutlichen Abstandes zum kritischen Punkt senkrecht. Eine Erhöhung des Hochdrucks würde zwar zu einer Unterkühlung führen, aber gleichzeitig führt die dafür notwendige Anhebung des Hochdrucks, auch zu einer Erhöhung des Energieverbrauchs zur Verdichtung und nicht zu einer Verringerung des Dampfgehaltes im Mitteldruckabscheider. Im Gegensatz neigen sich die Isothermen von R744 im Flüssigkeitsgebiet des p,h-Diagramms im interessanten Druckbereich von ca. $48\,\text{bar} \leq p_{HD} \leq 73\,\text{bar}$, geringfügig nach links (vgl. Abb.: B.1 und B.2), da der kritische Punkt von CO_2 deutlich niedriger liegt. Somit ergibt sich durch eine Anhebung des Hochdruckes im subkritischen Betrieb zum einen eine messbare Unterkühlung und zum anderen ein verringerter Dampfgehalt im Mitteldruckabscheider. Die Berechnung des Hochdrucksollwertes erfolgt daher im subkritischen CO_2-Prozess als Verschiebung zur Dampfdruckkurve (Siedelinie). Diese Druckerhöhung als

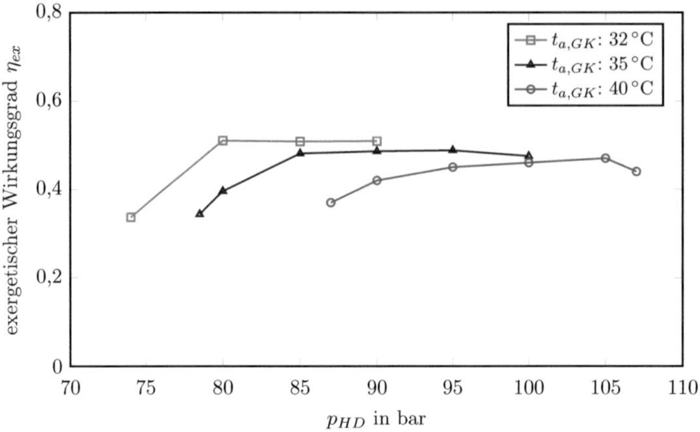

Abbildung 5.3: Exergetische Wirkungsgrade in Abhängigkeit des Hochdrucks für die Versuchs- und Demonstrationsanlage mit der vorgestellten ECU bei unterschiedlichen Austrittstemperaturen aus dem Gaskühler

Funktion der Austrittstemperatur aus dem Verflüssiger, kann analog zum EXV-Betrieb mit Gleichung (4.3) auf Seite 56 berechnet werden.

Transkritischer Betriebsfall

Abbildung 5.3 zeigt den berechneten Verlauf des exergetischen Wirkungsgrades über den Hochdruck bei unterschiedlichen Austrittstemperaturen aus dem Gaskühler mit der vorgestellten Expander-Kompressor-Einheit - also mit konstanten Volumenverhältnis. Auffällig ist der große Anstieg des exergetischen Wirkungsgrades bei einer Austrittstemperatur aus dem Gaskühler von $t_{a,GK} = 32\,°C$. Die Ursache ist hier im Verlauf der Isotherme zu finden, welche im Bereich des kritischen Punktes sehr flach verläuft, sodass eine (geringe) Erhöhung des Drucks eine signifikante Abnahme des Dampfgehaltes im Mitteldruckabscheider zur Folge hat. Gleichzeitig erhöht sich aufgrund des geringen Druckanstiegs die spezifische Leistungsaufnahme des Verdichters nur unwesentlich, da das Druckverhältnis nur geringfügig steigt. Dieser Effekt nimmt bei steigender Austrittstemperatur aus dem Gaskühler und steigenden Hochdruck ab, wodurch sich der exergetische Gütegrad wieder verschlechtert. Die unterschiedlichen Steigungen der Isothermen können im Anhang in Abbildung B.3 nachvollzogen werden. Aufgrund dieser Überlegung wurden verschiedene Werte für den Hochdruck ausgeschlossen, was in der unterschiedlichen Abstufung des Hochdruckes bei der Berechnung der exergetischen Gütegrade bei den gewählten Austrittstemperaturen aus dem Gaskühler im Diagramm zu erkennen ist. Die Verläufe gleichen prinzipiell denen in verschiedenen Publikationen gezeigten (z.B.: Petrak (2012), Liao u. a. (2000), Ge u. Tassou (2011)). Die aus Abbildung 5.3 resultierende Abhängigkeit des Hochdrucks von der Austrittstemperatur aus dem Gaskühler kann mit einer Geradengleichung angenähert werden und führt somit zu Gleichung (5.36).

$$p^{HD}_{\text{ECU,trans, Soll}} = A_{\text{ECU,trans}}\, t_{a,GK} + B_{\text{ECU,trans}} \tag{5.36}$$

mit den Koeffizienten:

$$A_{\text{ECU, trans}} = 2,5\,\text{bar}/°\text{C}$$
$$B_{\text{ECU, trans}} = 7,7\,\text{bar}$$

Mit dieser Funktion ist ein eindeutiger Zusammenhang einer einfach messbaren Größe, der Austrittstemperatur aus dem Gaskühler, zur Berechnung des Hochdrucksollwertes im transkritischen Betriebsfall gegeben.

Liao u. a. (2000) und Gernemann (2003) geben für den optimalen Hochdruck ebenfalls eine Geradengleichung an, welche zusätzlich einen Faktor verwendet, der den isentropen Gütegrad des Hauptverdichters berücksichtigt. Das bei der hier vorgestellten Berechnung verwendeten Polynom für den isentropen Gütegrad der Verdichter C1 und C2 ist in Abbildung 5.4 dargestellt[1]. Es kann erkannt werden, dass im Betriebsbereich der Verdichter (Druckverhältnis 1,9 bis 2,8) der Verlauf des isentropen Gütegrades sehr flach und somit zu vernachlässigen ist.

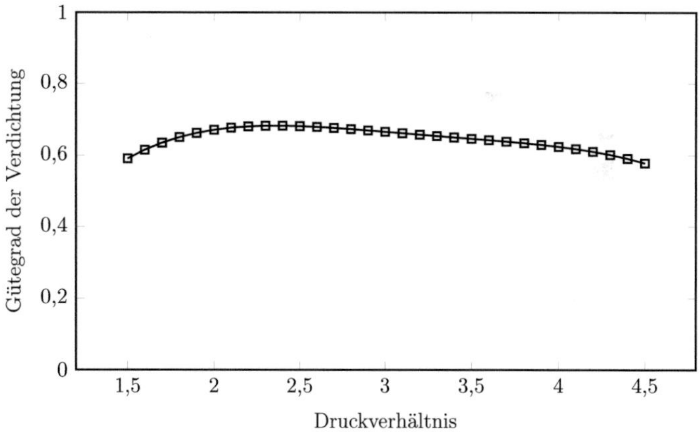

Abbildung 5.4: Verlauf des isentropen Gütegrades der Hauptverdichter C1 und C2 der Versuchs- und Demonstrationsanlage.

Schlussfolgerung für den Betrieb mit Expander-Kompressor-Einheit

Aus der Berechnung des Hochdrucksollwertes im transkritischen Betrieb und aus der in Kapitel 4.3.1 eingeführten Gleichung (4.3) zur Berechnung des Hochdrucksollwertes im

[1] Das verwendete Polynom wurde von der Fa. Bitzer während des persönlichen E-Mail-Verkehrs bereitgestellt.

subkritischen Betrieb kann somit über den gesamten Betriebsbereich der Anlage der Sollwert für den Hochdruck in Abhängigkeit der Austrittstemperatur aus dem Gaskühler für die Versuchs- und Demonstrationsanlage ermittelt werden.

In Abbildung 5.5 sind die Verläufe in den Betriebszuständen sub- und transkritisch dargestellt. Wie zu erkennen ist, haben die Funktionen der beiden Betriebszustände unterschiedliche Anstiege. Da über den gesamten Temperaturbereich geregelt werden muss, führt dies zu einer Unstetigkeitsstelle in der Berechnung. Um dies zu umgehen, muss zusätzlich zu den beiden Funktionen $p^{HD}_{\text{sub,Soll}}$ und $p^{HD}_{\text{trans,Soll}}$ ein Umschaltpunkt zwischen der Berechnung für den sub- und transkritischen Betriebsfall vorgegeben werden. Dieser kann frei gewählt werden und liegt in der Nähe des kritischen Punktes bei 31 °C.

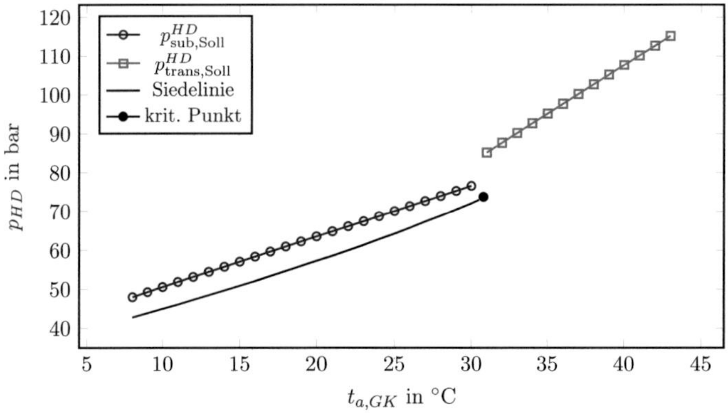

Abbildung 5.5: Verlauf des Hochdrucks über der Austrittstemperatur aus dem Gaskühler im sub- und transkritischen Betriebsbereich mit Expander-Kompressor-Einheit für die Versuchs- und Demonstrationsanlage

5.3.3 Druck im Mitteldruckabscheider

In Abbildung 5.6 ist der berechnete Verlauf des Druckes im Mitteldruckabscheider p_{MD} dargestellt. Zur Berechnung wird dieser bei gegebenen Hauptabmessungen der ECU iteriert, sodass Gleichung (5.17) erfüllt ist. Da beide Maschinen baugleich sind, gilt die beschriebene Vorgehensweise auch für die in der Feldtestanlage eingesetzte Expander-Kompressor-Einheit.

Bei konstanten Gesamtmassentrom ist die Austrittstemperatur aus dem Gaskühler $t_{a,GK}$ eine Haupteinflussgröße auf den Druck im Mitteldruckabscheider. Diese Temperatur bestimmt den Hochdruck und die Dichte am Eintritt in die erste Entspannungsstufe und zusätzlich den Dampfgehalt im Mitteldruckabscheider. Somit ist nach Gleichung (5.18b) der Anstieg des (ungeregelten) Drucks beim Einsatz der hier vorgestellten Einbindung und Konstruktion der ECU zu begründen.

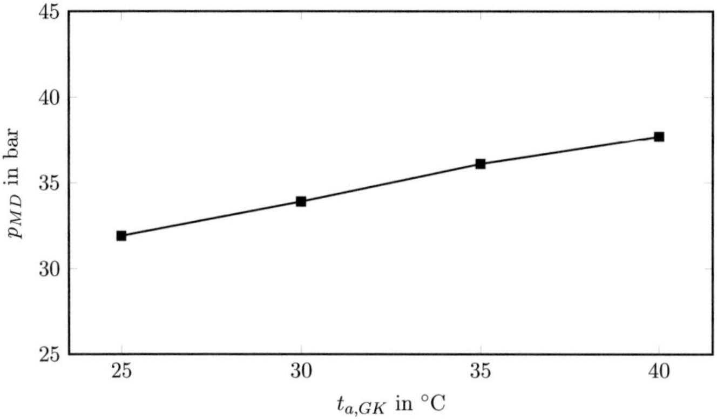

Abbildung 5.6: Berechneter Verlauf des Mitteldrucks über der Austrittstemperatur aus dem Gaskühler in der Versuchs- und Demonstrationsanlage bei konstanten Gesamtmassenstrom und der eingesetzten ECU

5.3.4 Einfluss der Unterkühlung

Eine, in der Kältetechnik bewährte Möglichkeit zur Steigerung der Leistungszahl, ist die Unterkühlung des Kältemittels vor dem Entspannungsorgan. Dieser Effekt auf den Gütegrad der arbeitsleistenden Entspannung ist interessant und soll nachfolgend diskutiert werden. Hierzu wird, wie in der Kältetechnik üblich, die Unterkühlung im subkritischen Betriebsfall als Differenz der Sättigungstemperatur als Funktion vom Hochdruck zur Austrittstemperatur aus dem Gaskühler bestimmt. Im transkritischen Betrieb wird die Unterkühlung als Differenz zwischen der Eintrittstemperatur in das Entspannungsorgan und der Austrittstemperatur aus dem Gaskühler berechnet.

Eine zusätzliche Unterkühlung kann zum Beispiel durch einen inneren Wärmeübertrager, wie er in Abbildung 5.1 (b) am Austritts des Gaskühlers zu sehen ist, erreicht werden. Riha (2007) zeigt, dass durch eine Unterkühlung am Eintritt in die Entspannungsstufe die Anzahl der nötigen Entspannungsstufen reduziert werden kann, da sich mit zunehmender Unterkühlung der Eintritt in das Zweiphasengebiet zu geringeren Drücken verschiebt. Da in der Versuchs- und Demonstrationsanlage auch ein innerer Wärmeübertrager am Austritt des Gaskühlers in den Prozess eingebunden ist (IWÜ (1)), soll der Effekt der Unterkühlung auf den Gütegrad der Entspannung genauer untersucht werden.

Kann das Kältemittel vor der Entspannung weiter unterkühlt werden, verändert sich der Quotient in Gleichung (5.2) da sich zum einen das spezifische Volumen und zum anderen, bedingt durch die zunehmende Steigung der Isentropen das ideal nutzbare Enthalpiegefälle Δh_s ändert.

Ausgehend von einem gegebenen Hochdruck und einer Austrittstemperatur des Kohlenstoffdioxides aus dem Gaskühler zeigt Tabelle B.1 und B.2 eine Parameterstudie zum

Einfluss der Unterkühlung auf den Gütegrad der Entspannung nach dem Volldruckprinzip im transkritischen und subkritischen Betriebsfall. Das resultierende Diagramm ist in Abbildung 5.7 dargestellt. Für den transkritischen Betrieb wurde eine Eintrittstemperatur in die erste Entspannungsstufe $t_{e,E1}$ von 35 °C und für den subkritischen Betriebsfall eine Eintrittstemperatur von 25 °C gewählt. Die Abbildung zeigt, dass eine Unterkühlung des in die erste Entspannungsstufe eintretenden Kältemittels eine signifikante Verbesserung des Gütegrades nach sich zieht, welche nahezu linear mit der Unterkühlung verläuft. Die für den subkritischen Fall durchgeführte Berechnung zeigt denselben Effekt, welcher allerdings stärker ausgeprägt ist.

Warum sich der Effekt im subkritischen Betrieb des Expanders stärker auswirkt, zeigt Abbildung 5.8. In dieser Abbildung ist deutlich zu erkennen, dass im sub- und transkritischen Betriebsfall die Unterkühlung in Bezug auf die theoretische Volldruckarbeit einen nur unwesentlichen Einfluss hat. Im subkritischen Betriebsfall nähern sich die theoretisch maximal mögliche Arbeit $\Delta h_{\mathrm{s,sub}}$ und die theoretische Volldruckarbeit $w_{\mathrm{t,Volld,th,sub}}$ im Vergleich zum, transkritischen Betrieb schneller an, was in einer deutlichen Zunahme des Gütegrades resultiert. Dies ist vor allem im Hinblick auf die Verwendung von einer Entspannungsstufe, wie in dem hier untersuchten Prototypen wichtig. Die Unterkühlung des Kältemittels resultiert aus der Verwendung des inneren Wärmeübertragers IWÜ (1).

Da, der zur Steuerung der Einheit verwendete Schiebermassenstrom sicher verdampft werden muss, ist der Einsatz eines inneren Wärmeübertragers bei der hier vorgestellten Konstruktion der Expander-Kompressor-Einheit und der Einbindung zwingend notwendig und wirkt sich positiv auf den Prozess aus. Durch eine zusätzliche Unterkühlung vor dem Entspannungsorgan lässt sich ein weiterer positiver Effekt - die Reduzierung des

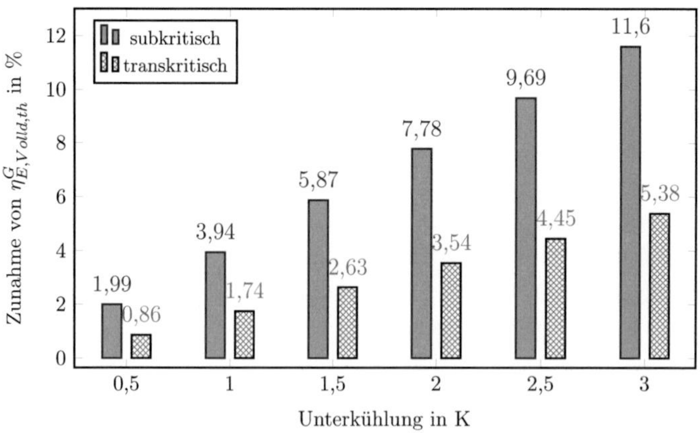

Abbildung 5.7: Abhängigkeit des Gütegrades der Entspannung von der Unterkühlung am Eintritt in die erste Entspannungsstufe

Dampfgehaltes am Eintritt in den Mitteldruckabscheider $x_{e,MDA}$ - erzielen. Gleichung (5.18b) zeigt, dass mit einer Verringerung von $x_{e,MDA}$ auch der Flashgasmassenstrom reduziert wird. Daraus folgt, dass der Druck im Mitteldruckabscheider sinkt, wodurch die in dem Verdampfer nutzbare Enthalpiedifferenz steigt. Diese Faktoren wirken sich positiv auf die Leistungszahl aus.

Infolge der Unterkühlung kommt es zu einer Abnahme des spezifischen Volumens und somit auch zu einer Reduzierung der, aus dem Prozess gewinnbaren Arbeit (vgl.: Gl. (5.2)). Die Prozessberechnungen zeigen das im sub- und transkritischen Betriebsfall die Reduzierung der Volumenänderungsarbeit den Vorteil der Erhöhung des Gütegrades der Entspannung und der Reduzierung des Flashgasmasssenstromes nicht nachteilig beeinflusst. Es konnte in beiden Betriebszuständen eine Steigerung der Leistungszahl erzielt werden. So kann z.B. bei einer Unterkühlung von 3 K im subkritischen Betrieb eine Steigerung der Leistungszahl von 3,4 % und im transkritischen Betrieb eine Steigerung von 4,1 % erreicht werden.

Die diskutierte Integration des inneren Wärmeübertragers hat zusätzlich einen Anstieg der Sauggastemperatur für den Verdichterverbund zur Folge. Diese Erhöhung der Sauggastemperatur kann sich negativ auf den Prozess auswirken und muss deshalb überprüft werden. Aus diesem Grund kann der innere Wärmeübertrager IWÜ (1) mit dem in Abbildung 3.8 gezeigten Magnetventil (M) Temperatur geführt umgangen werden. Im Prozess mit ECU gilt es zu prüfen, welchen Einfluss der Schiebermassenstrom zur Steuerung des Hauptschiebers auf die Ansaugtemperatur des (NK-) Verdichterverbundes hat.

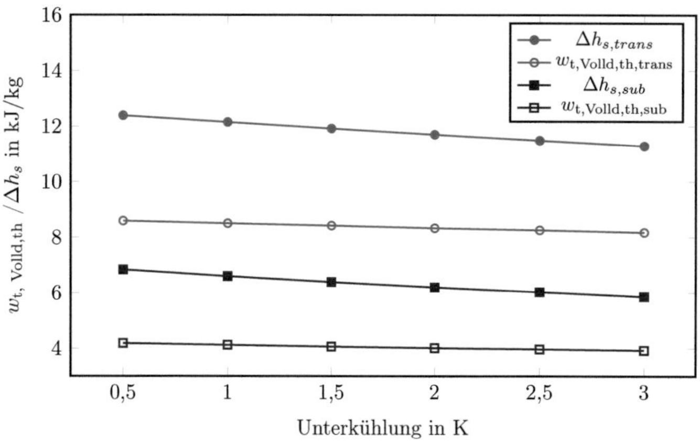

Abbildung 5.8: Veränderung der isentropen und der Volumenänderungsarbeit in Abhängigkeit der Unterkühlung

5.3.5 Einfluss des Schiebermassenstroms

Nickl (2007) gibt den zur Steuerung der Ein- und Auslässe der Entspannungsstufen nötigen Massenstromanteil mit ca. 5 % vom Gesamtmassenstrom an. Da der Massenstrom über das Regelventil (Drosselspindel) geleitet wird, kann in guter Näherung davon ausgegangen werden, dass sich dieser Steuerstrom für den Hauptschieber isenthalp vom Hochdruck auf den Gegendruck entspannt. Bei der derzeitigen Konstruktion ist das der Verdampferdruck bzw. im Fall der Versuchs- und Demonstrationsanlage der NK-Verdampferdruck. Um zu verdeutlichen, wie sich dieser Schiebermassenstrom auf die Überhitzung auswirkt, wurde in Abbildung 5.9 am Beispiel der Versuchs- und Demonstrationsanlage für unterschiedliche Anteile des Schiebermassenstroms vom Gesamtmassenstrom und ohne innere Wärmeübertrager, die Überhitzung im sub- und transkritischen Betriebsfall dargestellt. Wie Abbildung 5.9 zeigt kann im sub- und transkritischen Betriebsfall ohne Schiebermassenstrom und ohne inneren Wärmeübertrager eine Überhitzung von mindestens 8 K erzielt werden. Des Weiteren ist zu erkennen, dass mit Zunahme des Schiebermassenstroms die Überhitzung sinkt. In der Berechnung wurde der Enthalpiestrom des Austrittes der zweiten Entspannungsstufe, welcher ebenfalls verdampft bzw. überhitzt werden muss, berücksichtigt. Eine weitergehende Betrachtung des Schiebermassenstroms erscheint somit sinnvoll. Wird davon ausgegangen, dass der gesamte Schiebermassenstrom vollständig verdampft werden soll, kann für den hierfür benötigten Wärmestrom Gleichung (5.38) verwendet werden.

$$\dot{Q} = \dot{m}_{\mathrm{HaS}} \left(h' - h''\right) \left(x - 1\right) \tag{5.38}$$

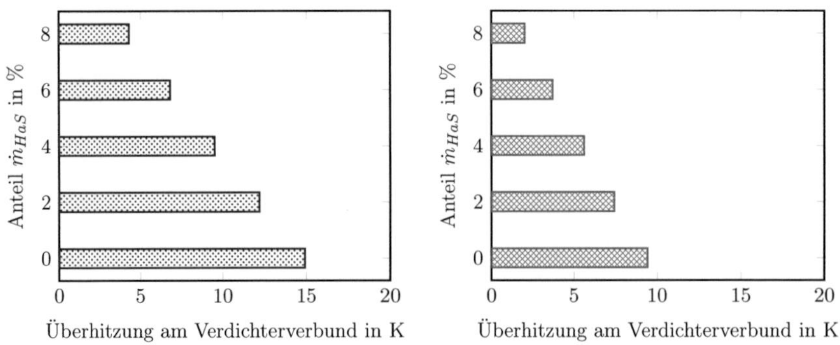

(a) subkritischer Betrieb ($t_{a,GK} = 26\,°C$) (b) transkritischer Betrieb ($t_{a,GK} = 36\,°C$)

Abbildung 5.9: Berechneter Einfluss des Schiebermassenstroms auf die Sauggasüberhitzung am NK-Verdichterverbund bei unterschiedlichen Anteilen vom Gesamtmassenstrom am Beispiel der Versuchs- und Demonstrationsanlage mit der vorgestellten ECU ohne innere(n) Wärmeübertrager

Hierbei wird die Enthalpie des trocken gesättigten Dampfes h'' und die der gesättigten Flüssigkeit h' als Funktion des Austrittsdruckes des Schiebermassenstroms, dem Verdampfungsdruck, bestimmt. Der Dampfgehalt x kann bei der Annahme einer isenthalpen Entspannung als Funktion des Austrittsdruckes und der Eintrittsenthalpie vor der Entspannung bestimmt werden. Gleichung (5.38) zeigt, dass zwischen der zur Verdampfung notwendigen Wärmemenge und dem Massenstrom $\dot{m}_{\mathrm{HaS}}$ sowie dem Dampfgehalt ein linearer Zusammenhang besteht, wobei der Schiebermassenstrom einen größeren Einfluss hat.

In Abbildung 5.10 ist eine Parametervariation des Dampfgehaltes und des Schiebermassenstroms sowie der daraus folgende Einfluss auf den zur Verdampfung notwendigen Wärmestrom veranschaulicht. Der Massenstrom ist hierbei als Anteil vom Gesamtmassenstrom aufgetragen. Es ist zu erkennen, dass der Massenstrom einen größeren Einfluss als der Dampfgehalt auf den zur Verdampfung erforderlichen Wärmestrom und die daraus resultierende Überhitzung hat. Da in der hier vorliegenden Arbeit, die Expander-Kompressor-Einheit in ihren Abmessungen bekannt ist, kann auch in jedem Prozesspunkt der Schiebermassenstrom bestimmt werden. Dieser hat zwar nur einen sehr geringen Anteil am Gesamtmassenstrom, besitzt aber, abhängig vom Hochdruck, eine sehr geringe Enthalpie, da er in erster Näherung isenthalp entspannt wird. Um diesen Massenstrom zu verdampfen bzw. zu überhitzen, können innere Wärmeübertrager eingesetzt werden. Der Einfluss von verschiedenen Einbauvarianten der inneren Wärmeübertragers soll, bei sonst identischen Prozessbedinungen, für den sub- und transkritischen Betrieb analysiert wer-

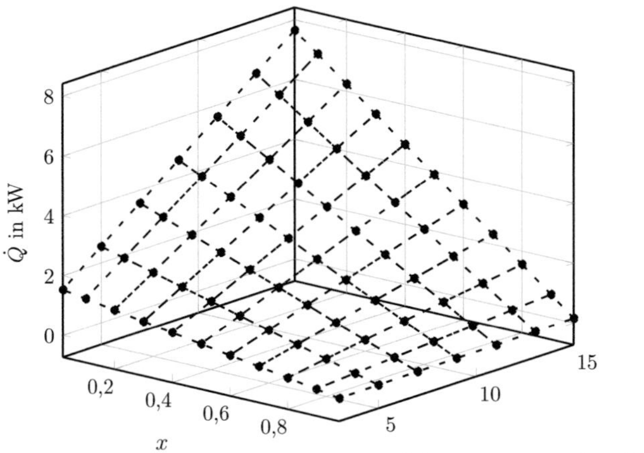

Abbildung 5.10: Einfluss des Schiebermassenstroms und des Dampfgehaltes des Schiebermassenstroms auf den zur Verdampfung notwendigen Wärmestrom

den. Folgende Möglichkeiten werden am Beispiel der Versuchs- und Demonstrationsanlage untersucht und in Abbildung 5.11 dargestellt:

- ohne inneren Wärmeübertrager
- Einbauvariante IWÜ (2)
- Einbauvariante IWÜ (1)
- Einbauvariante IWÜ (1) und (2)

Eine erste Analyse des Prozesses im p,h-Diagramm legt die Vermutung nahe, dass im Vergleich zum subkritischen Betriebsfall, der Schieberenthalpiestrom im transkritischen Betriebsfall einen geringeren Einfluss auf die Überhitzung hat, da sich mit steigendem Hochdruck auch die Enthalpie des Schiebermassenstroms verringert. Jedoch ist zu beachten, dass mit steigendem Hochdruck auch der Dampfgehalt und somit der Flashgasmassenstrom zunimmt. Aus diesem Grund müssen beide Betriebszustände untersucht werden. Den Darstellungen in 5.11 (a) und 5.11 (b) kann entnommen werden, dass ohne eine zusätzliche Überhitzung des Flashgasmassenstroms, die Überhitzung für den Verdichterverbund signifikant sinkt. Die vergleichsweise hohen Überhitzungen in den Einbauvarianten mit inneren Wärmeübertragern resultieren primär aus den, zur Berechnung gewählten, minimalen Temperaturdifferenzen der inneren Wärmeübertragern, ändern aber nichts an dem prinzipiellen Verhalten des diskutierten Einfluss des Schiebermassenstroms. Für das hier gewählte Beispiel der Versuchs- und Demonstrationsanlage nehmen noch weitere Faktoren auf die Überhitzung am Saugstutzen Einfluss. Der isentrope Gütegrad der Tiefkühlverdichter, welcher, neben der Überhitzung, die Druckgastemperatur bestimmt, hat

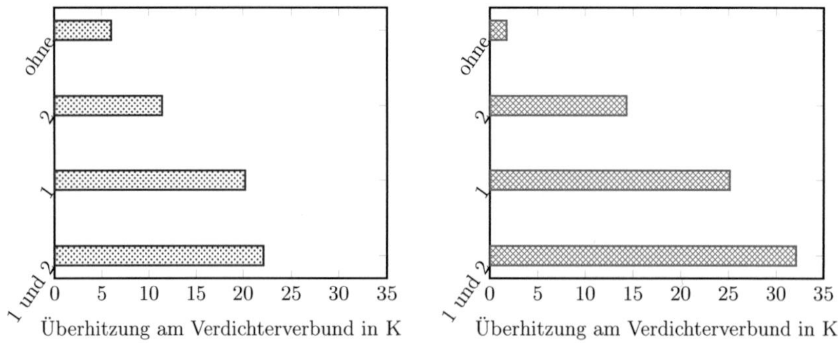

(a) subkritischer Betrieb ($t_{a,GK} = 26°C$) (b) transkritischer Betrieb ($t_{a,GK} = 36°C$)

Abbildung 5.11: Berechneter Einfluss des Schiebermassenstroms auf die Sauggasüberhitzung am NK-Verdichterverbund ohne inneren Wärmeübertrager und bei unterschiedlichen Einbauvarianten des IWÜ am Beispiel der Versuchs- und Demonstrationsanlage mit der vorgestellten ECU ebenfalls einen signifikanten Einfluss auf die Sauggastemperatur der Normalkühlverdichter, da die Anlage in der Booster-Schaltung ausgeführt worden ist. Des Weiteren erhöht sich die Überhitzung am Saugstutzen der Normalkühlverdichter, wenn die Überhitzung am Austritt aus den Kühlstufen erhöht wird.

Eine analoge Betrachtung für die Feldtestanlage macht deutlich, dass im subkritischen Betriebsfall mit der Annahme eines nicht vorhandenen Schiebermassenstroms und ohne inneren Wärmeübertrager die Überhitzung 8,7 K beträgt. Im transkritischen Betriebsfall wurde, wie bei der Versuchs- und Demonstrationsanlage eine, im Vergleich zum subkritischen Betriebsfall, geringere Überhitzung ermittelt. Sie beträgt 1,3 K, und bestätigt somit die Notwendigkeit eines inneren Wärmeübertragers zur Überhitzung.

5.4 Resümee der theoretischen Betrachtungen

In den vorangegangenen Abschnitten wurden die zur Kreislaufberechnung mit Expander-Kompressor-Einheit notwendigen thermodynamischen und mathematischen Ansätze diskutiert. Die Berechnung der Leistungszahl, des exergetischen Wirkungsgrades und der Messunsicherheit, welche im folgenden Kapitel zur Auswertung der experimentellen Untersuchungen verwendet werden, wurden ebenfalls vorgestellt.

Für die weiterführende Untersuchungen des Anlagenverhaltens mit ECU wurde ein Berechnungstool erstellt. Mit diesem konnten die folgenden Erkenntnisse gewonnen werden:

- Am Beispiel der Versuchs- und Demonstrationsanlage wurde eine Funktion für die Berechnung des Hochdrucks in Abhängigkeit der Austrittstemperatur aus dem Gaskühler abgeleitet. Durch die zuvor dargelegte Berechnung im subkritischen Betrieb ist es hierdurch möglich, die Anlage mit Expander-Kompressor-Einheit über den gesamten Betriebsbereich zu betreiben.

- Der im Prozess mit ECU variable Druck im Mitteldruckabscheider wurde im Abhängigkeit der Austrittstemperatur aus dem Gaskühler dargestellt. Aus den Ergebnissen lässt sich schlussfolgern, dass eine Absicherung mit einem Ansprechdruck des Sicherheitsventils von min. 45 bar erforderlich ist.

- Ein Hinweis auf die Notwendigkeit der Untersuchung des Verhaltes der arbeitsleistenden Entspannung des Flashgases von Mitteldruck auf Verdampferdruckniveau auf die Überhitzung am Saugstutzen der Hauptverdichter, wurde bereits in Abschnitt 3.4 gegeben. Die Ergebnisse der Berechnungen zeigen, dass die Überhitzung des Flashgasmassenstroms aus der zweiten Entspannungsstufe z.B. in einem inneren Wärmeübertrager zwingend notwendig ist. Diese Erkenntnis ist allgemeingültig.

- Zusätzlich konnte der Einfluss des zur Steuerung der Expansionsstufen der ECU notwendige Schiebermassenstrom auf die Überhitzung am Saugzustand der Hauptverdichter ermittelt werden. Die Berechnungen zeigen für beide Prozessschaltungen (Feldtestanlage und Versuchs- und Demonstrationsanlage) den negativen Einfluss des Schiebermassenstroms $\dot{m}_{\mathrm{HaS}}$ auf die Überhitzung am Saugstutzen der Hauptverdichter. Somit lässt sich verallgemeinernd ableiten, dass für einen sicheren Betrieb der Kälteanlage mit einer derartigen ECU bei der derzeitigen Einbindung des Schiebermassenstroms und wenn das Mitteldruckregelventil durch eine arbeitsleistende Entspannung ersetzt wird, der Einsatz eines inneren Wärmeübertragers zwingend notwendig ist.

6 Experimentelle Untersuchungen

Mit den experimentellen Untersuchungen werden folgende Ziele verfolgt:

- Nachweis der Funktionalität und der Umsetzbarkeit der Regelstrategie mit Expander-Kompressor-Einheit
- Untersuchung des Einflusses der ECU auf den Prozess
- Ermittlung der Dauerlaufeigenschaften
- Feststellung des Potenzials zur Einsparung bei dem Einsatz einer Expander-Kompressor-Einheit unter vergleichenden Prozessbedingungen in der sub- und transkritischen Betriebsweise

Da aus Kostengründen und aufgrund der Komplexität der Anlagenschaltung nicht alle Zustände messtechnisch bestimmt werden konnten, wurden in beiden Anlagen zur Bilanzierung verschiedene Annahmen getroffen. So wurde der Austrittszustand aus beiden Expansionsstufen nach Gleichung (5.3) berechnet. Bei der Bilanzierung wird ein stationärer Anlagenzustand vorausgesetzt. Für den Mitteldruckabscheider wurde in den Bilanzzeiträumen keine Änderung des Füllstandes, welcher zwar gemessen, aber nicht in der Messdatenerfassung registriert werden konnte, beobachtet.

Es sei an dieser Stelle darauf hingewiesen, dass bei der Auswertung der Experimente nicht das Ziel verfolgt wurde, normgerechte Leistungsmessungen durchzuführen. In der vorliegenden Arbeit soll der Prozess mit Expander-Kompressor-Einheit dem mit EXV in einer Anlage vergleichend gegenübergestellt und aus Messungen Regelparameter für den Anlagenbetrieb mit ECU, experimentell abgeleitet werden.

Die Tatsache, dass in der Versuchs- und Demonstrationsanlage der EXV- und der ECU-Betrieb mit identischer Messtechnik und Versuchsanlage untersucht werden konnte lässt die Annahme zu, dass eine Aussage über den Nutzen der Expander-Kompressor-Einheit experimentell nachgewiesen werden kann.

In der Feldtestanlage erfolgt eine vergleichende Bewertung anhand von gemessenen Daten des Prozesses mit ECU und berechneten Daten des EXV-Prozesses. Zur Bearbeitung der genannten Ziele wurden die im Folgenden beschriebenen Versuchsprogramme durchgeführt.

6.1 Versuchsprogramme

Für die hier beschriebenen Versuche wurde zur Erstellung der p,h-Diagramme und der Vergleiche der Leistungszahlen bzw. der exergetischen Wirkungsgrade, eine Mitteilung aller Größen über einen Zeitraum von 15 Minuten durchgeführt.

Für die Feldtestanlage konnte nur eine Mittelung über einen kürzeren Zeitraum durchgeführt werden. Die Gründe hierfür werden in Abschnitt 6.2 detailliert erläutert.

6.1.1 Feldtestanlage

Wie Gerber u. Wenzel (2011) beschreiben, wurde die Expander-Kompressor-Einheit weltweit im ersten Feldtest in einem Schweizer Supermarkt für Langzeitstudien integriert. Primäres Ziel war es, die Machbarkeit einer Integration in einer Kälteanlage, welche nicht den Charakter einer Versuchsanlage besitzt, unter Beweis zu stellen und zu ermitteln, mit welcher Langzeitstabilität der Maschine zu rechnen ist. Ein Versuchsbetrieb kann, da mit dieser Anlage immer sicher Kälte bereitgestellt werden muss, nicht durchgeführt werden. Aus diesem Grund müssen die von der Anlage im Betrieb gelieferten Ergebnisse ohne der Möglichkeit einer zeitnahen Änderung von Anlagen- und Maschinenparametern und die Möglichkeit zum Wechsel der Betriebsarten (EXV und ECU) zur Auswertung herangezogen werden. Tabelle 6.1 gibt einen Überblick zu den durchgeführten Messungen.

Tabelle 6.1: Versuchsprogramme der Feldtestanlage

#	Beschreibung	HD-Regelung	FU-Teiler	Betriebsweise
F-1	Untersuchung des Anlagenverhaltens mit ECU	x	–	trans
F-2	Untersuchung des Anlagenverhaltens bei kombinierter HD- und FU-Regelung der ECU	x	x	sub
F-3	Anpassung der Regelparameter	x	x	trans
F-4	Wiederholungsmessung mit Darstellung der Einflussparameter auf die Regelgüte	x	x	trans

6.1.2 Versuchs- und Demonstrationsanlage

In dieser Anlage spielt die sichere Bereitstellung von Kälte keine Rolle und der Charakter einer Versuchsanlage ist erfüllt, da auch bauliche Maßnahmen, wie zum Beispiel der Ein- und Umbau der inneren Wärmeübertrager und die Installation zusätzlicher Messtechnik erfolgen konnten. Es wurde bereits dargelegt, warum dem inneren Wärmeübertrager im

Prozess mit ECU eine erhöhte Aufmerksamkeit zu teil wird. Aus diesem Grund sollen verschiedene Positionen und deren Einfluss auf den Prozess untersucht werden.

Des Weiteren sollen energetische Untersuchungen des Kälteanlagenprozesses mit und ohne Expander-Kompressor-Einheit durchgeführt werden. Hierfür wurden die Anlagen so geplant, dass ein direkter messtechnischer Vergleich zwischen EXV- und ECU-Betrieb durch Zu- bzw. Abschalten der ECU möglich ist. Die Schaltung der inneren Wärmeübertrager ist in jeder der dargestellten Messungen für beide Prozesse gleich. Eine Übersicht der durchgeführten Messungen zeigt Tabelle 6.2.

Tabelle 6.2: Versuchsprogramme der Versuchs- und Demonstrationsanlage

#	Beschreibung	HD-Regelung	FU-Teiler	IWÜ (1)	IWÜ (2)	Betriebsweise
B-1	Beurteilung der Regelgüte; Verwendung der Regler aus EXV-Prozess; HD-Regelung als P-Regler; im IWÜ wird das Flashgas vor der Entspannung überhitzt	x	–	x	–	trans
B-2	Ermittlung der Parameter der Hochdruckregelung und Nutzung des I-Anteils zur Beseitigung der Regelabweichung; erster direkter Vergleich zwischen EXV und ECU-Prozess; Einbindung des IWÜ (1): Flashgas wird erst nach der Entspannung überhitzt	x	–	x	–	trans
B-3	Energetische Untersuchung der Prozesse im subkritischen Betrieb und Anpassung der Regelparameter	x	x	x	–	sub
B-4	Energetische Untersuchung der Prozesse im subkritischen Betrieb und Anpassung der Regelparameter; Einfluss des IWÜ (2)	x	x	x	x	sub
B-5	Energetische Untersuchung der Prozesse im transkritischen Betrieb und Anpassung der Regelparameter	x	x	x	x	trans

6.2 Messungen mit ECU in der Feldtestanlage

Für den Prozess in der Feldtestanlage sind die Prozesspunkte und ein exemplarischer Prozess mit ECU im p,h-Diagramm in Abbildung 6.1 dargestellt. Die Druckverluste in den einzelnen Anlagenabschnitten wie Hochdruck, Mitteldruck und Verdampferdruck, wurden nicht erfasst. Aus diesem Grund resultiert in den dargestellten p,h-Diagrammen der Feldtestanlage eine isobare Wärmeab- und Wärmezufuhr.

Aufgrund der gewählten Regelstrategie ist es erforderlich, dass zur Regelung des Verdichterteils der Expander-Kompressor-Einheit immer beide frequenzgeregelten Verdichter des Verbundes in Betrieb sind. Ist ein gleichzeitiger Betrieb z.B. aufgrund zu geringer Kältelast nicht möglich, folgt daraus, dass zwar der Expanderteil weiterhin arbeitsleistend entspannt und sich dadurch der Flashgasmassenstrom verringert, allerdings nicht in jedem Betriebspunkt eine Druckdifferenz über dem Verdichterteil aufgebaut werden kann.

Es ist somit eine Abstimmung zwischen der berechneten Leistung der Anlage und der Expander-Kompressor-Einheit zwingend notwendig. Aus diesem Grund wurde die Maschine nach einem vom Projektpartner vorgegebenen Lastprofil dimensioniert.

Bei den Auswertungen verschiedener Betriebszustände zeigte sich ein häufiges Takten der Hauptverdichter. Wie die nachfolgenden Diagramme in Abbildung 6.2 exemplarisch zeigen, ist der Verbund mit seinen vier, in der Baugröße identischen Verdichtern den Großteil der Betriebszeit nicht ausgelastet. Ein häufiges Takten der Hauptverdichter kann sich im Betrieb der Anlage unter anderem in einem Schwanken des Hoch- und Mitteldrucks äußern.

Im Betrieb mit Expander-Kompressor-Einheit und bei geringeren Hochdrücken (z.B. im Winter) ist davon auszugehen, dass durch den geringeren Flashgasmassenstrom (geringerer Dampfgehalt im Abscheider durch die arbeitsleistende Entspannung) der zu fördernde

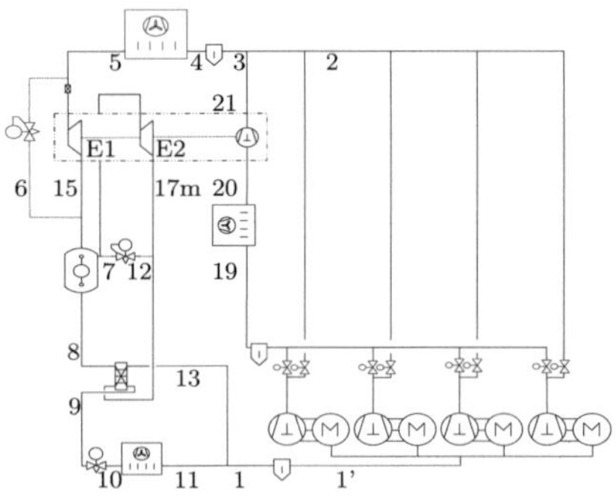

(a) Fließbild mit Prozesspunkten

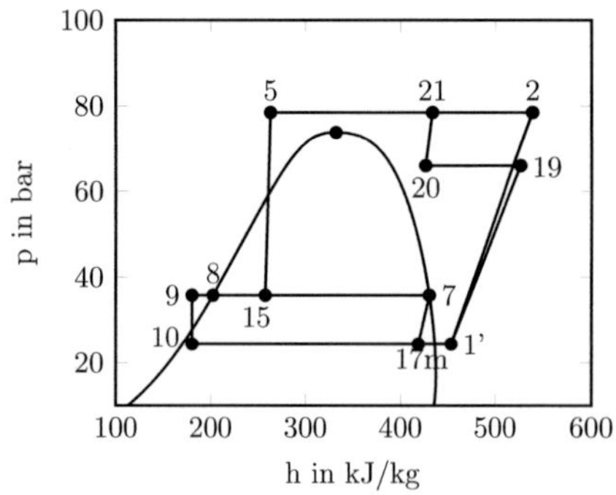

(b) p,h-Diagramm (exemplarisch) der Feldtestanlage

Abbildung 6.1: Bezeichnung der Prozesspunkte in der Feldtestanlage im ECU-Betrieb

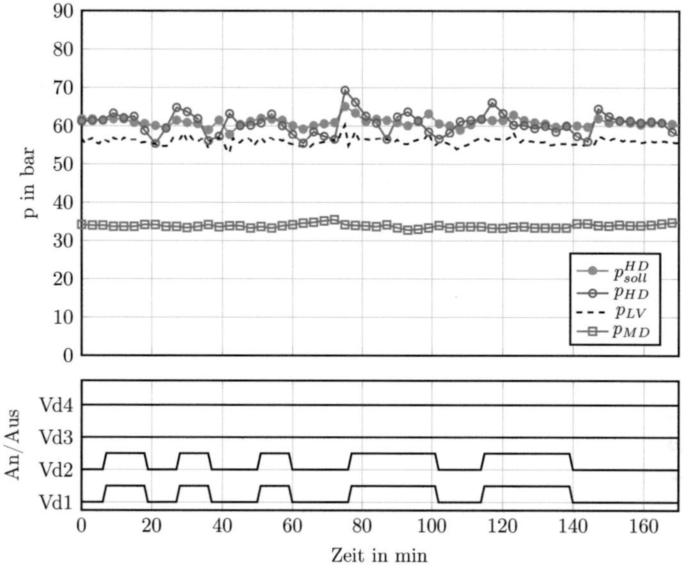

Abbildung 6.2: Prozessparameter und Schaltdauer des Verdichterverbundes im Sommer im Anlagenbetrieb mit ECU

Gesamtmassenstrom im Vergleich zum EXV-Prozess abnimmt und somit der Effekt des Taktens der Hauptverdichter noch verstärkt wird.

Für die Auswertung des ECU-Betriebes folgt daraus, dass Zeiträume zur Auswertung gewählt wurden, in denen beide frequenzgeregelten Verdichter (Vd1 und Vd2) in Betrieb waren.

Annahmen zum Vergleich der beiden Prozesse in der Feldtestanlage

Aufgrund des Standortes der Anlage sowie der Notwendigkeit eines durchgehenden Kühlbetriebes konnte, um vergleichende Bewertungen durchführen zu können, nicht zwischen den beiden Betriebsarten umgeschaltet werden. Der Vergleich zwischen EXV- und ECU-Prozess erfolgte aus diesen Gründen zwischen Messwerten aus dem Betrieb mit Expander-Kompressor-Einheit und dem berechneten EXV-Prozess. Die Massenströme der Verbundverdichter konnten durch den Verdichterhersteller bereitgestellte Polynome berechnet werden. Um die Genauigkeit der Ergebnisse zu erhöhen, wird bei der Berechnung für den Massenstrom, den Liefergrad und den isentropen Gütegrad zwischen den beiden drehzahlgeregelten und den beiden ungeregelten Verdichtern unterschieden. Die Polynome der frequenzgeregelten Verdichter berücksichtigen für Liefer- und Gütegrade den Einfluss der Frequenz. Da die Frequenz der Expander-Kompressor-Einheit in dieser Anlage nicht gemessen werden konnte, wird sie mit den in Abschnitt 5.1 angegebenen Gleichungen berechnet. Es wurden folgende Annahmen zur Berechnung getroffen:

- $p_{HD,EXV} = p_{HD,ECU}$
- $p_{MD,EXV} = 35\,\mathrm{bar}$
- $\dot{Q}_{0,EXV} = \dot{Q}_{0,ECU}$
- $t_{0,EXV} = t_{0,ECU}, t_{a,GK,ECU} = t_{a,GK,EXV}$
- Zur Berechnung der Liefergrade wird Gleichung (5.22a) verwendet. Hierbei wird der Dichtheitsfaktor aller Stufen mit 0,9 und die Druck- und Temperaturfaktoren der Expanderstufen mit 1 angenommen.
- Minimale Temperaturdifferenz der inneren Wärmeübertrager: $\Delta T_{\mathrm{min,IWÜ}} = 5\,\mathrm{K}$
- Wärmeeintrag in die Saugleitung von 2 K
- Überhitzung im Verdampfer von 15 K

Das Schadraumverhältniss des Verdichterteils der ECU beträgt 0,086, das der ersten Expansionsstufe 0,114 und das der zweiten Expansionsstufe 0,040. Die Werte wurden aus der Zeichnung entnommen. Der Mitteldruck und die Überhitzung im Verdampfer sind als Annahme aufgeführt, da diese Werte für den EXV-Betrieb nicht messtechnisch bestimmt werden konnten. Im Betrieb der Anlage mit EXV kann davon ausgegangen werden, dass sich diese Werte einstellen, da es sich um die Sollwerte der jeweiligen Regler handelt und vom Prozess unabhängig sind.

6.2.1 Messung ohne automatisierten FU-Teiler

Zur Inbetriebnahme der Kälteanlage wurde die Expander-Kompressor-Einheit ohne den FU-Teiler in Betrieb genommen und die Frequenzen der Verdichter manuell vorgegeben. Diese Vorgehensweise hat den Vorteil, dass der Einfluss des FU-Teilers auf den Prozess für die Ermittlung geeigneter Regelparameter und zur Untersuchung des Betriebsverhaltens eliminiert werden kann. Ergebnisse aus dieser Betriebsweise werden im Folgenden beschrieben.

Messung F-1

In Abbildung 6.3 ist das erste Diagramm zur Hochdruckregelung, welche automatisiert erfolgte, dargestellt. Es ist zu erkennen, das es nach ca. 5 min Betriebszeit zu einem deutlichen Überschwingen des von der ECU, geregelten Hochdrucks gekommen ist. Dies ist auf einen mechanischen Fehler im Getriebe des Antriebs der Drosselspindel zurückzuführen, welcher im Betrieb behoben werden konnte. Anschließend ist ein schnelles Abklingen

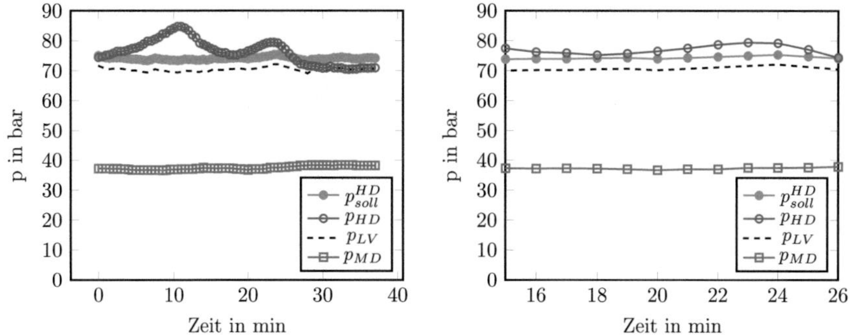

(a) ECU-Betrieb

(b) Bilanzzeitraum des ECU-Betriebes

Abbildung 6.3: Druckverläufe der Feldtestanlage: Messung F-1

des Hochdrucks durch die Regelung der Expander-Kompressor-Einheit zu erkennen. Zum Zeitpunkt $\tau = 18\,\text{min}$ wurde die Drehzahl eines Verdichters erhöht, was ein kurzes Überschwingen des Hochdrucks zur Folge hatte. Nach 25 Minuten musste, aufgrund von fehlender Kältelast, der Betrieb beendet und auf den EXV-Prozess umgestellt werden. Das Absinken des Hochdrucks unter den Sollwert ist auf die Trägheit der Motorventile bei dem Umschalten beider Prozessarten zurückzuführen. Der Druck im Mitteldruckabscheider p_{MD} lag über der gesamten Betriebszeit inklusive Umstellung von ECU- auf EXV-Betrieb im Mittel bei $38,4\,\text{bar}$. Um einen ersten Eindruck über die mögliche Einsparung zu gewinnen, werden über einen Zeitraum von 11 Minuten Mittelwerte zur Prozessberechnung des ECU-Betriebes gebildet.

In Abbildung 6.3 (b) ist der Bilanzzeitraum von 15 bis 26 Minuten abgebildet. Das hieraus resultierende p,h-Diagramm ist in Abbildung 6.4 dargestellt. Im ausgewählten Messintervall kann aus dem p,h-Diagramm eine Druckerhöhung des Verdichterteils von 6,5 bar ermittelt werden. Da für diesen Betriebspunkt vom Projektpartner keine Messdaten für die Frequenz der Verdichter zur Verfügung gestellt werden konnten, wurde die berechnete Einsparung gegenüber dem EXV-Prozess von 12,4 % mit der Annahme eines Gesamtmassenstroms von 0,2 kg/s zur Berechnung der Kälteleistung im ECU-Prozess ermittelt. Dieser Wert wurde in Anlehnung an den in Messung F-3 und F-4 ermittelten Gesamtmassenstrom der Verdichter Vd1 und Vd2 gewählt.

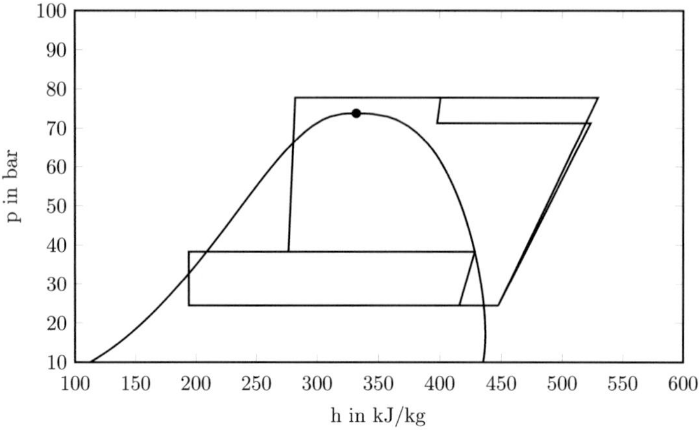

Abbildung 6.4: p,h-Diagramm im ECU-Betrieb: Messung F-1

6.2.2 Messung mit automatisierten FU-Teiler

Messung F-2

Abbildung 6.5 zeigt die einzelnen Drucklagen des Prozesses mit automatisierter Hochdruck-Regelung und FU-Teiler. Wie zu erkennen ist, liegt der Hochdruck geringfügig unter von der Regelung berechneten Sollwert p_{Soll}^{HD}. Dies liegt zum einen an der Betriebsweise (in der Nähe des kritischen Punktes) und zum anderen an der noch nicht zufriedenstellenden Hochdruckregelung durch den verwendeten PI-Regler. Für die Güte der Regelung ist zu beachten, dass in der Nähe des kritischen Punktes ein Übergang für die Berechnung des Sollwertes p_{soll}^{HD} erfolgt. Wird dieser im Betrieb erreicht, kann es zu einem Schwanken des von der Regelung berechneten Sollwertes für den Hochdruck kommen, da die Berechnung zwischen den beiden Betriebsarten sub- und transkritisch umschaltet.

Der Druck im Mitteldruckabscheider beträgt in diesem Bilanzzeitraum 35,5 bar und liegt damit auch ungeregelt in einem engen Band an dem Sollwert von 35 bar, auf den das MD-Regelventil regelt.

In Abbildung 6.6 ist der Prozessverlauf mit ECU in dem p,h-Diagramm dargestellt. Die Steigerung der Leistungszahl $\Delta\varepsilon_{\mathrm{KM}}$ wurde für diesen Betriebspunkt zu 9,8 % berechnet. Zurückzuführen ist dies auf die verringerte Druckdifferenz für einen der Hauptverdichter, welche um 4,3 bar reduziert werden konnte.

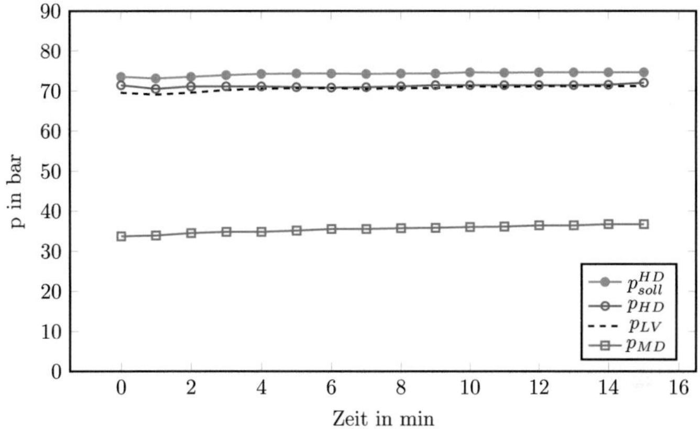

Abbildung 6.5: Bilanzzeitraum des ECU-Betriebes in der Feldtestanlage: Messung F-2

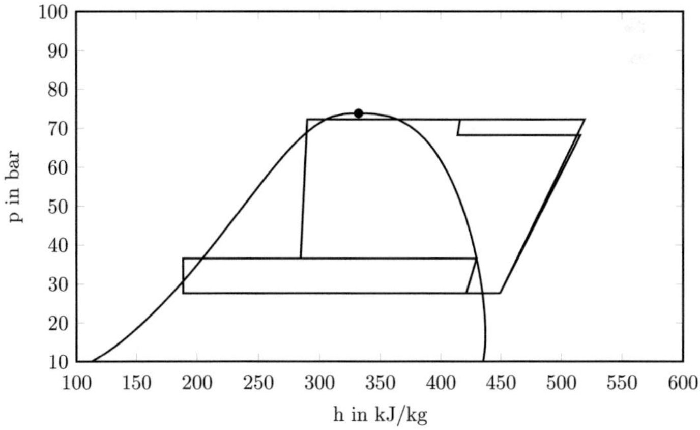

Abbildung 6.6: p,h-Diagramm im ECU-Betrieb: Messung F-2

Messung F-3

In Abbildung 6.7 ist der Verlauf der Prozessdrücke für den Bilanzzeitraum der dritten Auswertung dargestellt. Der im Vergleich zu den vorangegangenen Auswertungen geringerer Bilanzzeitraum ist mit den eingangs beschriebenen kurzen Laufzeiten der beiden frequenzgeregelten Verdichter aufgrund von fehlender Kältelast zu begründen. Aus der Bilanzzeit wurde das in Abbildung 6.8 gezeigte p,h-Diagramm erstellt. Es zeigt deutlich die gemessene Druckerhöhung durch den Verdichterteil der ECU von 4,7 bar, welche eine berechnete Erhöhung der Leistungszahl um 11,5 % zur Folge hatte. Der Druck im MDA konnte mit 36,6 bar bestimmt werden.

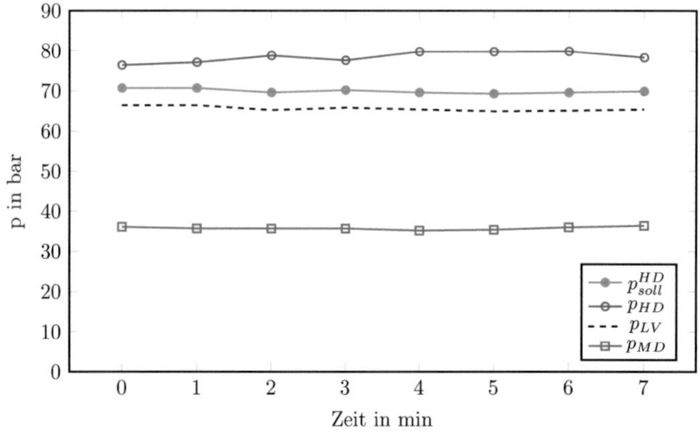

Abbildung 6.7: Bilanzzeitraum des ECU-Betriebes in der Feldtestanlage: Messung F-3

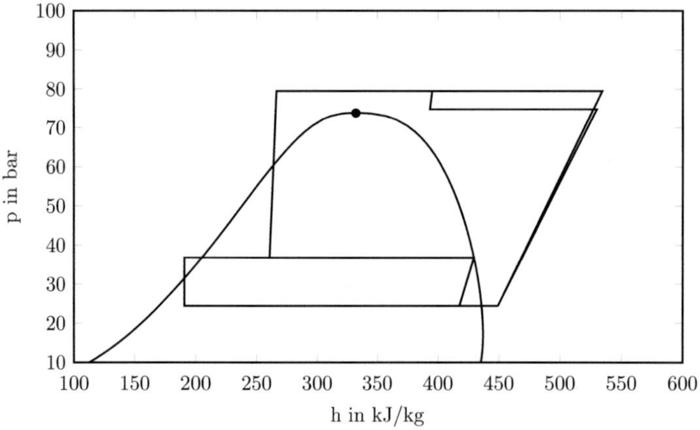

Abbildung 6.8: p,h-Diagramm im ECU-Betrieb: Messung F-3

Messung F-4

Diese Messung zeigt in Abbildung 6.9 die Hochdruckregelung mit einem, zur vorhergehenden Untersuchung, verringertem P-Band des Reglers für die Hochdruckregelung der ECU. Die für diesen Betriebspunkt erfolgreiche HD-Regelung und der Einfluss der Regelung des frequenzgeregelten Verdichter auf den Hochdruck ist in Abbildung 6.9 ersichtlich. Nach einem geringen Überschwingen kann die ECU den Hochdruck an den vorgegebenen Hochdrucksollwert anpassen. Der Mitteldruck beträgt in diesem Intervall 38,7 bar. Noch nicht geklärt werden konnte die Ursache für die geringe von dem Verdichterteil aufgebaute Druckdifferenz von 2,0 bar. Nach dieser Messung wurde die ECU nach einer Laufzeit

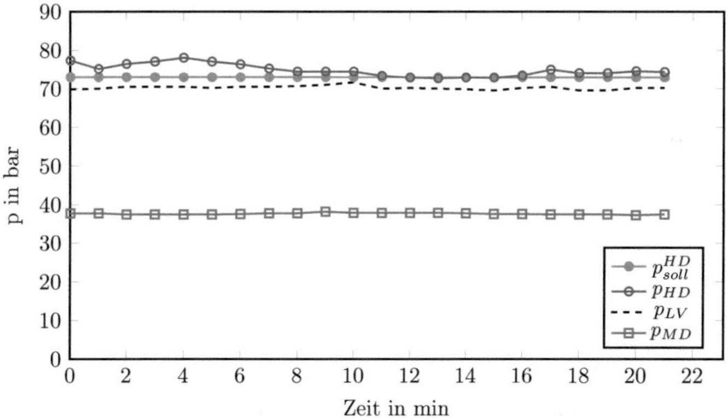

Abbildung 6.9: Bilanzzeitraum des ECU-Betriebes in der Feldtestanlage: Messung F-4

von ca. 2500 Stunden demontiert und ein deutlicher Verschleiß des Hilfsschiebers und der Dichtflächen festgestellt. Dieser Verschleiß wird als Ursache für die geringe Druckdifferenz, vermutet.

Resümee zur Hochdruckregelung

Wie die Hochdruckregelung mit Expander-Kompressor-Einheit auf schwankende Betriebszustände der Verdichter reagieren kann, zeigt Abbildung 6.10. Ohne eine funktionierende Hochdruckregelung kann es im Betrieb der Kälteanlage zu einem sogenannten Flashgasbypass kommen. Das bedeutet, dass der Dampfgehalt am Austritt des Entspannungsorgans für den Prozesspunkt zu hoch ist, was zu einem Anstieg des Flashgasmassenstroms führt. Diese Tasche kann, bei gleichbleibendem Gesamtmassenstrom, aufgrund des verringerten Massenstroms des flüssigen Kältemittels zu einer Verringerung der Kälteleistung führen. Diesem Verhalten kann durch eine Erhöhung der Drehzahl oder dem Zuschalten von Verdichtern entgegengewirkt werden, ist aber mit einem gesteigerten Energieverbrauch verbunden.

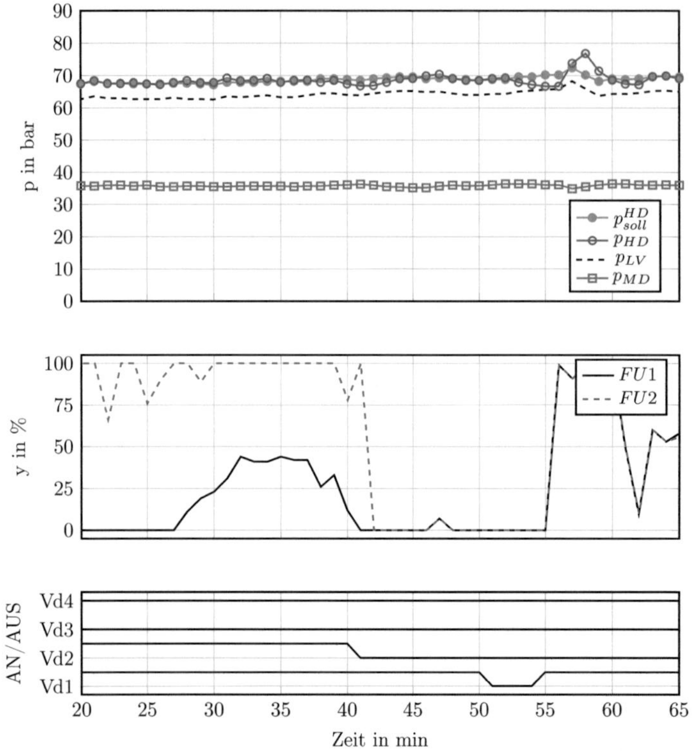

Abbildung 6.10: Einfluss der Schaltdauer und der Frequenz der Hauptverdichter auf die Hochdruckregelung mit ECU am Beispiel der Feldtestanlage

Ein weiterer negativer Effekt eines Anstiegs des Flashgasmassenstroms ist die Verringerung der Sauggastemperatur durch die reduzierte Überhitzung des Flashgases im inneren Wärmeübertrager. Die Hochdruckregelung mit Expander-Kompressor-Einheit stellt somit die Grundlage für die weiteren Prozessuntersuchungen dar. Dargestellt sind neben dem Hoch- und Mitteldruck die Stellgröße y der beiden frequenzgeregelten Verdichter (FU1 und FU2). Die Angabe der Einheit erfolgt korrespondierend zu der Angabe in der Software der Steuerung in Prozent. Die Angabe der Stellgröße ist direkt proportional zum regelbaren Frequenzbereich von 25 bis 65 Hz. Die Drehzahl der Verdichter wird durch den FU-Teiler unabhängig davon, ob der Verdichter durch den Verbundregler freigegeben bzw. ein- oder ausgeschaltet wurde, errechnet. Die Schaltdauer der Verdichter Vd1 bis 4 kann aus dem unteren Diagramm abgelesen werden. Die unterschiedlichen Drehzahlen der beiden Verdichter resultieren aus der Regelung des Massenstromverhältnisses des Verdichterteils der ECU. Abbildung 6.10 zeigt, dass der Hochdruck auch bei schwankender Last nahezu konstant gehalten werden kann, bis ab Minute 40 der Verdichter Vd2 ausschaltet und Verdichter 1 seine Drehzahl auf die Minimaldrehzahl reduziert. Durch dieses Verhalten fällt der Hochdruck geringfügig unter den Sollwert. Dieses Abfallen ist auch ab Minute 50 zu beobachten, wenn alle Verdichter außer Betrieb sind. Ab Minute 55 wird Verdichter 1 wieder durch den Verbundregler eingeschaltet. Da die Frequenz ab Minute 57 auf 100 % ansteigt, kommt es zu einem Überschwingen des Hochdrucks. Die Expander-Kompressor-Einheit benötigt, bei geregelter Drehzahl des Verdichters 1, vier Minuten, um den gewünschten Hochdruck einzustellen. Tabelle 6.3 und 6.4 geben einen Überblick zu den verwendeten Regelparametern.

Tabelle 6.3: Parameter des Reglers zur Hochdruckregelung (subkritisch)

Parameter	Wert	Einheit
X_P	20	K
T_n	100	s

Tabelle 6.4: Parameter des Reglers zur Hochdruckregelung (transkritisch)

Parameter	Wert	Einheit
X_P	20	K
T_n	100	s

Der P-Anteil eines Reglers wird bei den verwendeten Reglern nicht als Proportionalbeiwert K_P, sondern als Proportionalbereich X_P vorgegeben. Der Proportionalbereich definiert ein Band, indem sich der Stellgrad proportional zur Regelabweichung verhält. Der Zusammenhang zwischen Proportionalbeiwert und Proportionalbereich ist durch Gleichung (6.1) gegeben.

$$K_p = \frac{1}{X_P} 100\,\% \tag{6.1}$$

Tabelle 6.5 gibt einen Überblick zu den verwendeten Regelparametern des FU-Teilers. Der Sollwert wurde mit 5 K vorgegeben. Zusammenfassend lässt sich feststellen, dass die

Tabelle 6.5: Parameter des Überhitzungsreglers des FU-Teilers

Parameter	Wert	Einheit
X_P	40,5	K
T_n	0	s

Umsetzung der Regelung auch im Feld möglich ist. Verbesserungsbedarf besteht zum einen bei der Regelung des Massenstromverhältnisses für den Verdichterteil der ECU. Hierzu ist es wie angesprochen erforderlich, dass beide frequenzgeregelten Verdichter in Betrieb sind, was aufgrund der Dimensionierung der Verbundverdichter nur teilweise gegeben ist und in dieser Anlage nachträglich nicht verändert werden konnte. Diese Forderung lässt sich in der Versuchs- und Demonstrationsanlage umsetzten.

6.3 Messungen mit ECU in der Versuchs- und Demonstrantionsanlage

Für den Prozess in der Versuchs- und Demonstrationsanlage sind die Prozesspunkte in Abbildung 6.11 dargestellt. Diese Darstellung bezieht sich auf den letzten Stand der Anlagenkonfiguration (Verschaltung der inneren Wärmeübertrager IWÜ (1) und (2) vgl. Abb.: 3.3). In dieser Anlage konnten in verschiedenen Anlagenabschnitten, z.B. durch die zusätzlichen Einbauten wie Coriolis-Massendurchflussmesser, Ventile usw. hervorgerufene Druckverluste gemessen werden. Diese Druckverluste spiegeln sich, abhängig vom Massenstrom, in den in die p,h-Diagramme eingetragenen Prozesse wieder. Zur Vollständigkeit soll nachfolgend auf den in den vereinfachten Fließbildern eingetragenen TK-Enthitzer eingegangen werden. Im Laufe der ersten Messungen mit der Anlage im EXV-Betrieb, stellte sich eine große Überhitzung für die NK-Verdichter ein, welche auf zwei unterschiedliche Ursachen zurückzuführen ist. Nach der Auswertung der ersten Messdaten zeigte sich eine zu hohe Verdichtungsendtemperatur der TK-Verdichter, welche aus einer zu großen Überhitzung in den TK-Verdampfern resultierte. Zusätzlich war der innere Wärmeübertrager IWÜ (1) so eingebunden, dass das Flashgas vor der Entspannung im Wärmeübertrager überhitzt wurde und anschließend in das Dampfgebiet entspannt. In Zusammenspiel mit der erhöhten Druckgastemperatur der TK-Verdichter wirken sich diese Effekte negativ auf die Ansaugtemperatur am Saugstutzen von Verdichter C1 und C2 aus. Aus diesem Grund wurde die Überhitzung der TK-Verdampfer reduziert und für den EXV-Betrieb

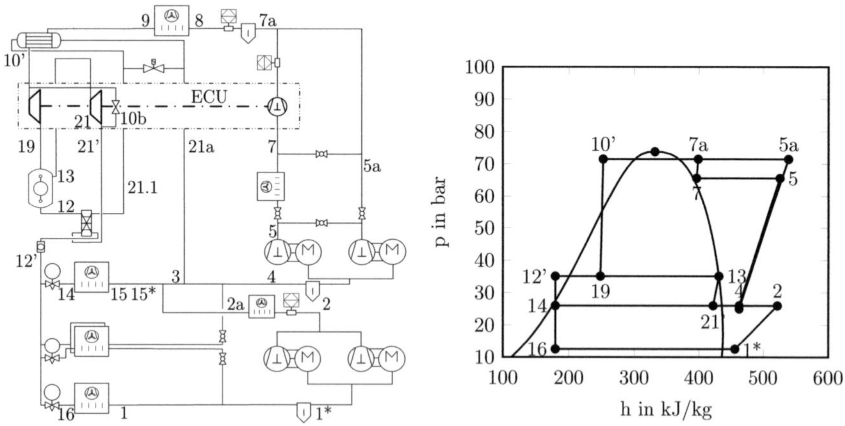

(a) Fließbild mit Prozesspunkten

(b) exemplarische Darstellung der Prozesspunkte des ECU-Prozesses im p,h-Diagramm

Abbildung 6.11: Bezeichnung der Prozesspunkte der Versuchs- und Demonstrationsanlage ein luftgekühlter Enthitzer für das TK-Druckgas installiert. Dieser ist in Abbildung 6.11 am Austritt der TK-Verdichter ($2 \rightarrow 2a$) zu sehen.

Dieses Anlagenverhalten wurde im Betrieb mit Expander-Kompressor-Einheit und nach dem Umbau der Schaltung des inneren Wärmeübertragers sowie der Verringerung der Überhitzung der TK-Verdampfer nicht mehr beobachtet. Aus diesem Grund wurde der TK-Enthitzer während der vorgestellten Versuche nicht genutzt.

6.3.1 Messungen ohne automatisierten FU-Teiler

In diesem Abschnitt werden die ersten Messungen mit der in die Versuchs- und Demonstrationsanlage integrierten ECU diskutiert, in denen keine automatisierte Regelung des Massenstrombypasses (FU-Teiler) zum Einsatz kam. Der Hochdruck wurde über die Steuereinheit mit der Expander-Kompressor-Einheit automatisiert an die Prozessbedingungen angepasst.

Messung B-1

In der vorgestellten Messung war noch keine gesonderte Ölversorgung der ECU vorhanden, da zu Beginn erwartet wurde, dass der Ölwurf der Hauptverdichter zur Schmierung ausreicht.

In Abbildung 6.12 ist der Bilanzzeitraum der ersten Messung mit Expander-Kompressor-Einheit dargestellt. Es ist zu erkennen, dass der Hochdruck über den Antrieb und die Drosselschraube automatisiert geregelt werden kann, aber eine Regelabweichung zu erkennen ist. Der Hochdruck liegt in dieser Messung über dem Sollwert und muss aus diesem Grund noch reduziert werden. Dies ist auf den Regler und die verwendeten Regelparameter zurückzuführen, da für die Ansteuerung des Hochdruckregelventils und der Drosselspindel der ECU während der ersten Messung der gleiche P-Regler einschließlich der Parameter verwendet wurde. Abbildung 6.13 zeigt den Prozess mit Expander-Kompressor-Einheit im p,h-Diagramm. Es ist der Druckabfall über den Coriolis-Massenstromsensor, die Wärmeübertrager und Filterelemente am Eintritt in die ECU zu erkennen. Er beträgt ausgehend vom Verdichteraustritt über den Ölabscheider, den Coriolis-Sensor, den Gaskühler und die Filterelemente 0,8 bar.

Bei der vorgestellten Messung wird die, durch den Verdichterteil erreichte, Druckdifferenz nach der Zwischenkühlung deutlich. Dies wird durch die beschriebene Regelung des Massenstromverhältnisses erreicht, welche hier manuell erfolgte. Der Massenstromanteil durch den Verdichter der der Expander-Kompressor-Einheit kann nach Gleichung (4.7) zu 0,6 bestimmt werden. Eine Ursache für den relativ geringen Wert ist auf die noch nicht zufriedenstellende Regelung der Austrittstemperatur aus dem Zwischenkühler zurückzuführen. Ebenfalls ist der Druckabfall in den NK-Verdampfern zu erkennen. Wie die weiteren Messungen zeigen werden, war dieser auf noch nicht gereinigte Kühlmöbel

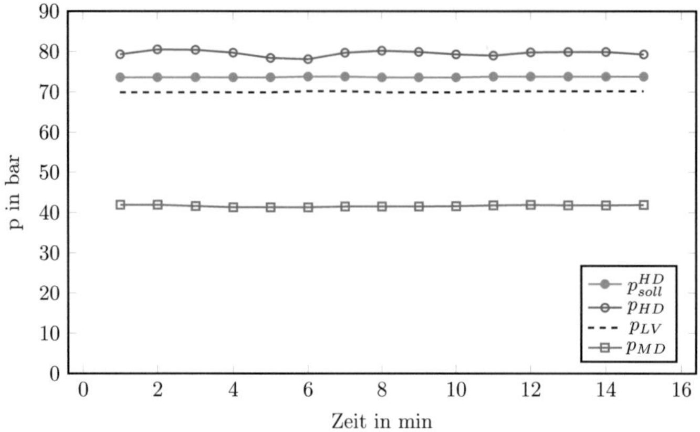

Abbildung 6.12: Druckverläufe im Bilanzzeitraum des ECU-Betriebes: Messung B-1

zurückzuführen. Der Druckabfall in der TK-Druckleitung ergibt sich primär durch den installierten Coriolis-Massenstromsensor und das Heißgasregelventil zur Heißgasabtauung. Im p,h-Diagramm ist ebenfalls die erste Einbauvariante des inneren Wärmeübertragers IWÜ (1) zu erkennen. Dieser unterkühlt mit dem Flashgas aus dem Mitteldruckabscheider das aus dem Gaskühler austretende Kältemittel. Der Eintrittszustand in das Flashgasexpansionsorgan ist somit das im inneren Wärmeübertrager überhitzte Kältemittel. Des Weiteren kann aus dem p,h-Diagramm die bereits diskutierte geringe Überhitzung am Saugstutzen der NK-Verdichter im Betrieb mit ECU erkannt werden. Der isentrope Gütegrad des Verdichterteils der ECU kann zu 0,77 bestimmt werden. Zur Erklärung der

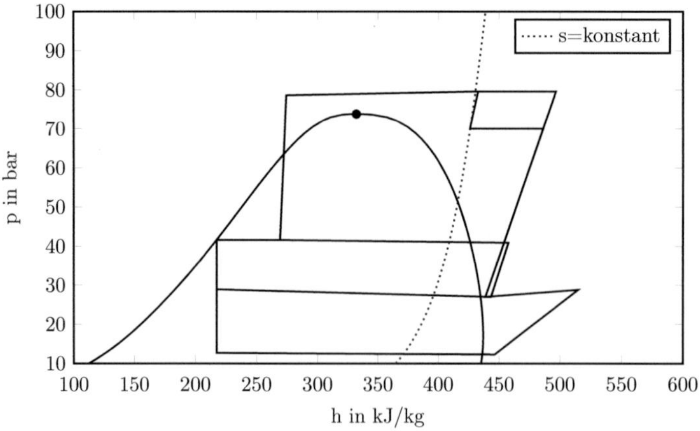

Abbildung 6.13: p,h-Diagramm des ECU-Betriebes: Messung B-1

nahe an der isentropen Austrittstemperatur liegenden Verdichtungsendtemperatur ist in das p,h-Diagramm die zugehörige Isentrope eingezeichnet. Unter Berücksichtigung der Steigung der Isentropen in diesen Bereich und der im Vergleich zum Hauptverdichter relativ geringen Druckdifferenz sowie der Messunsicherheit der Temperaturmessung lässt sich dieser Wert plausibel erklären. Auch Nickl (2007) gibt in seiner Arbeit eine nur geringfügig über der isentropen liegenden Austrittstemperatur an. Im gedrosselten Betrieb der ECU zeigt die Messung von Nickl eine, gegenüber der isentropen Austrittstemperatur um 5 K verringerte Austrittstemperatur aus dem Verdichterteil der Einheit. Die Ursache vermutet Nickel in einem im gedrosselten Betrieb im Verhältnis zum Massenstrom höheren Wärmestrom an die Umgebung bzw. and den Expanderteil.

Die Verdichtungsendtemperatur des Verdichters C1 reduzierte sich durch das geringere Druckverhältnis um 13,7 K.

Ein direkter Vergleich zu dem Prozess mit EXV wurde nicht durchgeführt, da es sich bei diesem Versuch um die Inbetriebnahme der Anlage mit Expander-Kompressor-Einheit handelte.

Messung B-2

In Abbildung 6.14 ist der Bilanzzeitraum des Betriebes mit ECU dargestellt. Es ist zu erkennen, dass der Hochdruck mit Expander-Kompressor-Einheit durch die Erweiterung des Reglers zu einem PI-Regler geregelt werden kann. Ebenfalls dargestellt ist der Druck im Abscheider p_{MD}, welcher im ECU-Betrieb nicht geregelt wird. Im Betrieb mit Expander-Kompressor-Einheit liegt der Mitteldruck 1, 6 bar über dem, der durch das Mitteldruckregelventil geregelt wird. Bei dieser Messung konnte die Frequenz der ECU bestimmt werden. Diese beträgt 2,4 1/s. In den Abbildungen 6.15 und 6.16 sind die zu den jeweiligen

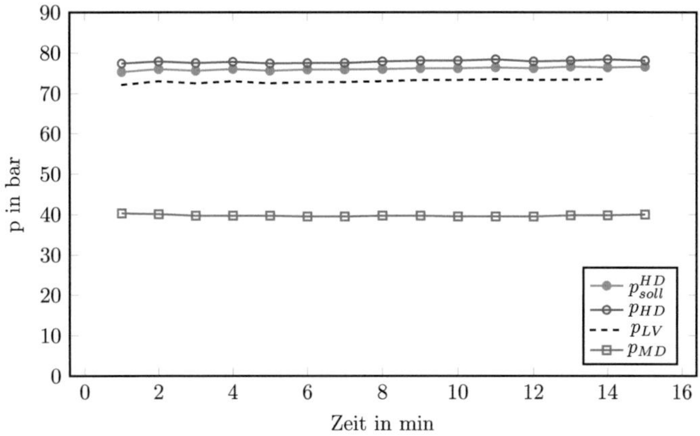

Abbildung 6.14: Druckverläufe im Bilanzzeitraum des ECU-Betriebes: Messung B-2

Prozessen gehörenden p,h-Diagramme dargestellt. Die in die p,h-Diagramme eingetragenen Prozesse zeigen, dass in dieser Messung die Verschaltung des inneren Wärmeübertragers verändert wurde. Das Flashgas wurde nach der Entspannung gegen das aus dem Gaskühler austretende Kältemittel im IWÜ (1) geführt, wobei im p,h-Diagramm des ECU-Prozesses eine, im Vergleich zum EXV-Prozess, signifikante Abkühlung des Kältemittels erfolgte (vgl.: $t_{a,GK}$ mit dem Eintritt in das Entspannungsorgan in beiden Prozessen). Im p,h-Diagramm des EXV-Prozesses liegen die Isothermen $t_{a,GK}$ und $t_{e,EXV}$ aufeinander. Auf diese Beobachtung wird im nächsten Abschnitt ausführlich eingegangen.

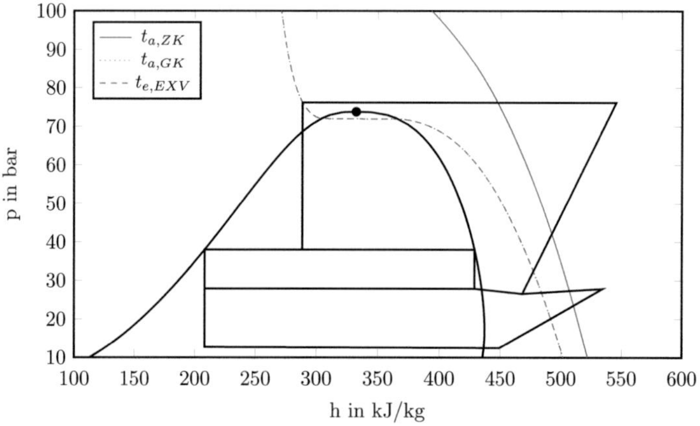

Abbildung 6.15: p,h-Diagramm im EXV-Betrieb: Messung B-2

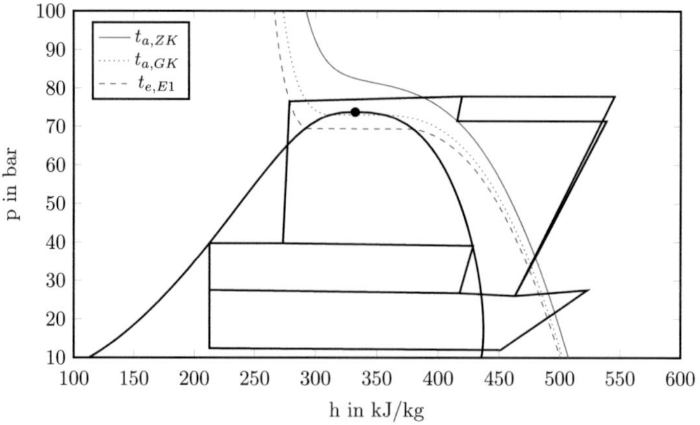

Abbildung 6.16: p,h-Diagramm im ECU-Betrieb: Messung B-2

Des Weiteren zeigt sich im direkten Vergleich der Messwerte auch eine Reduzierung des Druckverhältnisses für den Verdichter C2 und die dadurch resultierende Verringerung der Druckgastemperatur des Verdichters im direkten Vergleich zum baugleichen Verdichter um 8,9 K. Der Massenstromanteil, welcher über den Verdichter der Expander-Kompressor-Einheit geleitet wurde, konnte zu 0,62 bestimmt werden.

Da der Zwischenkühler ebenfalls einen Einfluss auf den Massenstrom $\dot{m}_{C-ECU}$ des Verdichterteils der Expander-Kompressor-Einheit hat, wurde ab dieser Messreihe in die p,h-Diagramme zusätzlich die Isothermen der Austrittstemperatur aus den Zwischenkühler $t_{a,ZK}$, der Austrittstemperatur aus dem Gaskühler $t_{a,GK}$ und die Eintrittstemperatur in das Entspannungsorgan $t_{e,E1}$ bzw. $t_{e,EXV}$ eingetragen. Im Auslegungszustand der Maschine wurde vorausgesetzt, dass $t_{a,ZK} = t_{e,E1}$ ist. Diese Bedingung konnte hier nicht erreicht werden.

Tabelle 6.6 zeigt den Vergleich der Messwerte für den ECU- und EXV-Prozess sowie den resultierenden exergetischen Wirkungsgrade beider Prozesse und die aus den Messwerten berechnete Einsparung $\Delta\eta_{ex}$ welche, analog zu Gleichung (5.9), mit den exergetischen Wirkungsgraden bestimmt wurde.

Tabelle 6.6: Zusammenstellung der Messreihe B-2 für den EXV-und ECU-Betrieb

Wert	Einheit	Prozess	
		EXV	ECU
p_{HD}	bar	76,2	77,9
$t_{0,NK}$	°C	-7,5	-8,7
$t_{0,TK}$	°C	-34,0	-34,2
$t_{e,\text{V-NK}}$	°C	16,4	10,6
$t_{a,C2}$	°C	120,8	109,7
$t_{a,C1}$	°C	120,8	118,6
t_U	°C	27,2	25,2
$\dot{Q}_{0,TK}$	kW	6	5,7
$\dot{Q}_{0,NK}$	kW	32,8	33,7
η_{ex}	1	0,25 ± 0,02	0,28 ± 0,02
$\Delta\eta_{ex}$	%	10,5	

6.3.2 Messungen mit automatisierten FU-Teiler

Messung B-3

Abbildung 6.17 zeigt, dass der Hochdrucksollwert nahezu ohne Regelabweichung erreicht wird. Der Mitteldruck liegt bei diesem Versuch nicht mehr geringfügig über dem Sollwert des EXV-Prozesses von 35 bar, sondern im Mittel um 1,4 bar darunter.

Abbildung 6.18 und 6.19 stellen die jeweiligen Prozess im p,h-Diagramm dar. In dieser Messung wurde der Sollwert der Überhitzung des Eintrittszustandes des Verdichterteils der Expander-Kompressor-Einheit auf 2 K reduziert. Dies hat den Vorteil, das durch die Frequenzbeeinflussung mehr Massenstrom über den Verdichterteil geleitet wird, aber sich der Eintrittszustand infolge dessen auch näher an die Taulinie verlagert. Dies lässt sich in dem p,h-Diagramm des ECU-Prozesses nachvollziehen. Durch die geringe Überhitzung kann nicht ausgeschlossen werden, dass zweiphasiges Kältemittel am Eintritt des Verdichterteils vorliegt. Hierdurch erklärt sich die unter der isentropen Austrittstemperatur $t_{\text{a,C-ECU,s}}$ liegende Austrittstemperatur des Verdichterteils.

Ebenfalls sind, wie in den p,h-Diagrammen der vorangegangenen Auswertung, die Isothermen des Austritts aus dem Zwischenkühlers, des Austrittes aus dem Gaskühlers und des Eintritts in das Entspannungsorgan dargestellt. Es ist zu erkennen, dass die Austrittstemperatur des Zwischenkühlers infolge eines neuen Drehzahlreglers sowie aktualisierter Parameter des Reglers an den Sollwert angepasst werden konnte. Des Weiteren ist zu erkennen, dass im Betrieb mit ECU der Zwischenkühler nun die geforderte Austrittstemperatur ($t_{a,ZK} = t_{a,GK}$) erreicht. Ebenfalls ist eine, gegenüber dem EXV-Prozess signifikante Unterkühlung ($\Delta Tu_{EXV} = 1,7\,\text{K}$ / $\Delta Tu_{ECU} = 9,8\,\text{K}$) im IWÜ (1) ersichtlich. Die Druckerhöhung im Verdichterteil der Expander-Kompressor-Einheit beträgt 3,8 bar. Die Verdichtungsendtemperatur des Verdichters C2 wurde um 7,6 K reduziert. Bei dieser

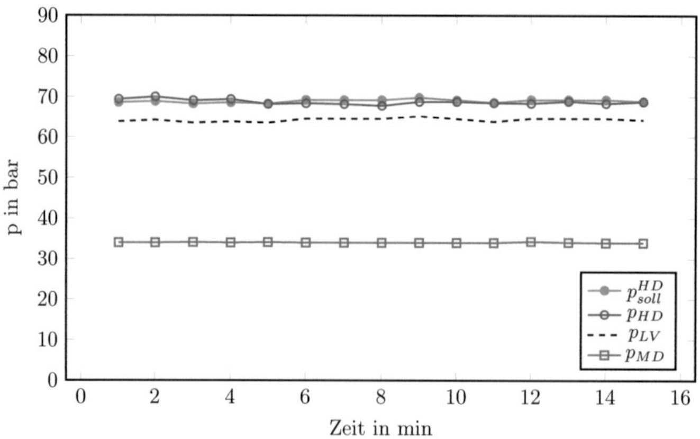

Abbildung 6.17: Druckverläufe im Bilanzzeitraum des ECU-Betriebes: Messung B-3

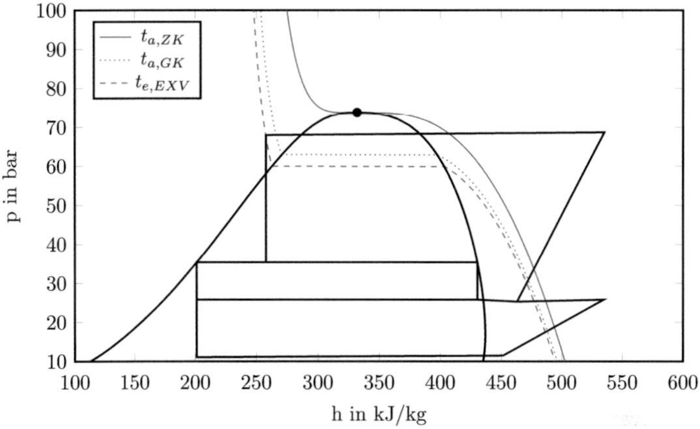

Abbildung 6.18: p,h-Diagramm im EXV-Betrieb: Messung B-3

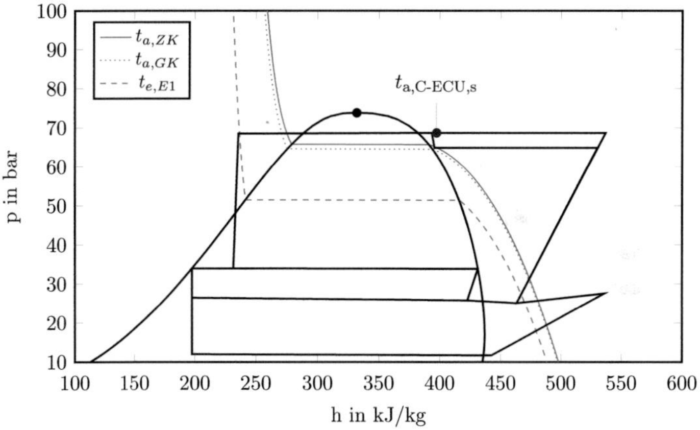

Abbildung 6.19: p,h-Diagramm im ECU-Betrieb: Messung B-3

Messung konnte der Massenstromanteil auf den Verdichterteil der ECU durch den an der Taulinie liegenden Eintrittszustand nicht bestimmt werden.

Tabelle 6.7 stellt verschiedene Messgrößen und den exergetischen Wirkungsgrad der beiden Prozesse inklusive der Einsparung gegenüber.

Tabelle 6.7: Zusammenstellung der Messreihe B-3 für den EXV-und ECU-Betrieb

Wert	Einheit	Prozess	
		EXV	ECU
p_{HD}	bar	68,7	68,7
$t_{0,NK}$	°C	-11,2	-8,4
$t_{0,TK}$	°C	-37,4	-35,2
$t_{\text{e,V-NK}}$	°C	9,7	9,6
$t_{a,C2}$	°C	105,7	99,5
$t_{a,C1}$	°C	105,7	107,1
t_U	°C	19,3	19,4
$\dot{Q}_{0,TK}$	kW	3,5	8,8
$\dot{Q}_{0,NK}$	kW	13,6	18,3
η_{ex}	1	$0{,}21 \pm 0{,}03$	$0{,}25 \pm 0{,}02$
$\Delta\eta_{ex}$	%	21,2	

Abbildung 6.20 zeigt ein $t, \dot{Q}$-Schaubild des IWÜ (1) im EXV-Betrieb und hierzu im Vergleich das des ECU-Betriebes. Die Unterkühlung im inneren Wärmeübertrager IWÜ (1) kann an der Differenz zwischen den in die p,h-Diagramme eingetragenen Isothermen $t_{a,GK}$ und $t_{e,E1}$ bzw. $t_{e,EXV}$ nachvollzogen werden. Im direkten Vergleich zwischen EXV- und ECU-Prozess wird ersichtlich, dass im EXV-Prozess, wie diskutiert, eine geringere Unterkühlung im inneren Wärmeübertrager stattfindet. Dieses Verhalten wiederholt sich auch in den folgenden Messungen.

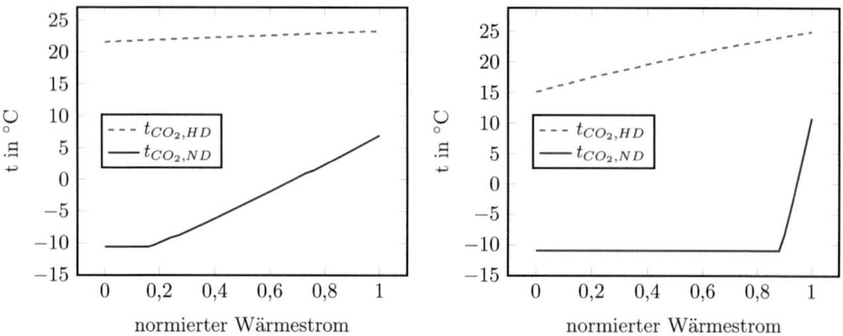

(a) IWÜ (1) im EXV-Betrieb

(b) IWÜ (1) im ECU-Betrieb

Abbildung 6.20: $t, \dot{Q}$-Schaubilder des Inneren Wärmeübertragers IWÜ (1)

Messung B-4

Bei den folgenden Messungen ist der innere Wärmeübertrager IWÜ (2) und bei Bedarf - gesteuert über das Magnetventil M - der IWÜ (1) in den Kreislauf eingebunden. Abbildung 6.21 zeigt den Bilanzbereich im Betrieb mit Expander-Kompressor-Einheit.

In Bezug auf die zuvor vorgestellten Versuche wurde der Installationsort des Sensors für die Druckerfassung des Hochdrucks geändert. Dieser ist nun nicht mehr am Ölabscheider (bessere Dämpfung des Signals durch Vergrößerung des Volumens) sondern am Austritt des inneren Wärmeübertragers IWÜ (1) installiert. Der Vorteil dieses Installationsortes ist die realistischere Erfassung des Hochdrucks, da an dieser Position die Druckverluste in den Anlagenkomponenten Gaskühler, Massenstromsensor Rohrleitungen und Armaturen im Messwert erfasst werden. Bei dieser Messung wurde die Frequenz der ECU im Bilanzzeitraum zu f = 2,0 1/s bestimmt.

Die nachfolgenden Abbildungen 6.22 und 6.23 zeigen die beiden Prozesse im p,h-Diagramm. Deutlich zu erkennen ist die durch den inneren Wärmeübertrager IWÜ (2) erzielte Unterkühlung der aus dem Abscheider austretenden Flüssigkeit. Die p,h-Diagramme zeigen ebenfalls eine deutliche Unterkühlung im ECU-Betrieb. Der Mitteldruck liegt unter diesen Versuchsbedingungen bei beiden Prozessen bei ca. 35 bar. Durch die Druckerhöhung des Verdichterteils der ECU von 5,5 bar und der daraus resultierenden Druckentlastung des Verdichters C2 wurde die Verdichtungsendtemperatur des Verdichters C2 um 13,6 K gegenüber Verdichter C1 gesenkt. Der Massenstromanteil des Verdichterteils der ECU beträgt hier 0,63.

Ebenfalls ist zu erkennen, dass, wenn nicht der komplette Flashgasmassenstrom im IWÜ (2) überhitzt werden kann, ausreichend thermische Energie zur Unterkühlung der Flüssigkeit im IWÜ (1) vorhanden ist (vergleiche auch Abb.: 6.19 mit 6.23). Dies ist, wie

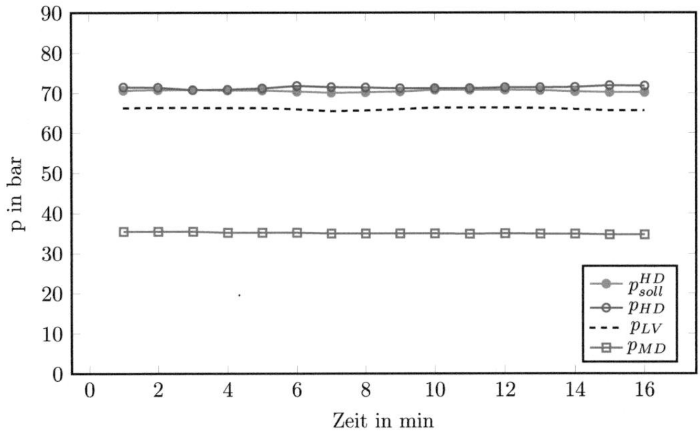

Abbildung 6.21: Druckverläufe im Bilanzzeitraum des ECU-Betriebes: Messung B-4

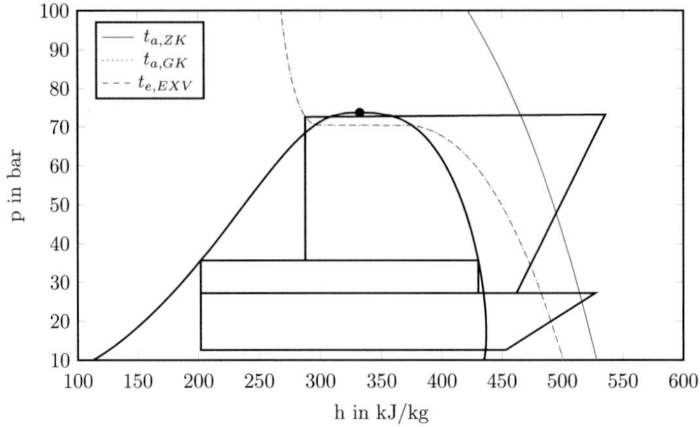

Abbildung 6.22: p,h-Diagramm im EXV-Betrieb: Messung B-4

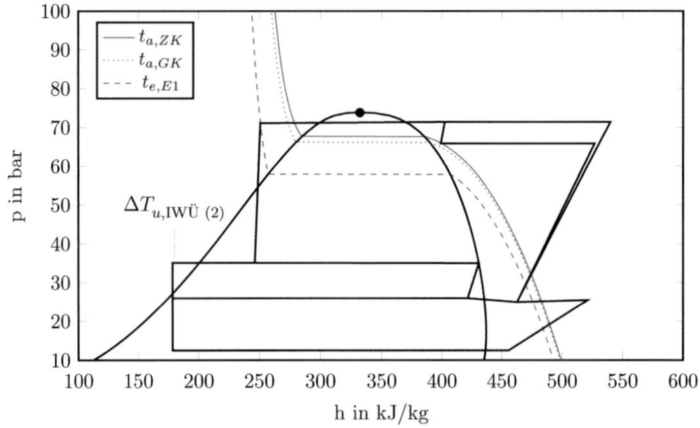

Abbildung 6.23: p,h-Diagramm im ECU-Betrieb: Messung B-4

Abschnitt 5.3.4 zeigt, in Bezug auf den Gütegrad der Entspannung wünschenswert, hat aber den Nachteil, dass nun die Designvorgabe $t_{a,ZK} = t_{e,E1}$ nicht erreicht werden kann. Diesen Umstand muss bei einem erneuten Design der ECU Rechnung getragen werden, da empfohlen wird, beide innere Wärmeübertrager (IWÜ (1) und (2)) im Prozess mit ECU einzusetzen, um den Massenstrom aus der zweiten Expansionsstufe sicher zu überhitzten und so Schäden an den NK-Verdichtern zu verhindern. Nach der hier vorgestellten Messung wurde die Expander-Kompressor-Einheit demontiert und eine Revision durchgeführt. Dabei wurden Abnutzungserscheinungen an den unterschiedlichen Zylindern und den Segmenten der Kolbenstange festgestellt. Eine Dokumentation der Revision ist in Anhang A dargestellt. Als Ursache wird vermutet, dass die während des Betriebes manuell der ersten Expansionsstufe zugeführte Menge an Öl nicht zur Schmierung ausreichte. Daraufhin wurden auch an dem Eintritt der ersten Expansionsstufe und des Verdichterteils eine Ölzuführung vorgesehen.

In Tabelle 6.8 sind die zur Messung gehörenden Prozessgrößen und die exergetischen Wirkungsgrade sowie die erzielte Einsparung $\Delta\eta_{ex}$ dargestellt.

Tabelle 6.8: Zusammenstellung der Messreihe B-4 für den EXV-und ECU-Betrieb

Wert	Einheit	Prozess	
		EXV	ECU
p_{HD}	bar	73,2	71,4
$t_{0,NK}$	°C	-8,4	-10,7
$t_{0,TK}$	°C	-34,4	-33,8
$t_{e,\text{V-NK}}$	°C	11,5	9,1
$t_{a,C2}$	°C	108,5	97,3
$t_{a,C1}$	°C	108,5	110,9
t_U	°C	17,3	18,8
$\dot{Q}_{0,TK}$	kW	4,1	3,6
$\dot{Q}_{0,NK}$	kW	18,6	31,1
η_{ex}	1	0,23 ± 0,03	0,25 ± 0,02
$\Delta\eta_{ex}$	%	11,3	

Messung B-5

Wie in der vorangegangenen Darstellung des Bilanzzeitraumes B-4 zeigt Abbildung 6.24 das Erreichen des Hochdrucksollwertes. Aufgrund eines defekten Datenloggers konnte bei dieser Messung die Frequenz der ECU nicht bestimmt werden.

In den Abbildungen 6.25 und 6.26 sind die in das jeweilige p,h-Diagramm eingetragenen Kreisläufe mit den schon diskutierten Unterkühlungen zu erkennen. Im Prozess mit ECU reduzierte sich durch den verringerten Austrittsdruck am Verdichter C2 die Druckgastemperatur um 13,1 K. Der Mitteldruck im Betrieb mit ECU beträgt in dieser Messung 39 bar. Der Massenstromanteil auf den Verdichter der Expander-Kompressor-Einheit beträgt 0,80.

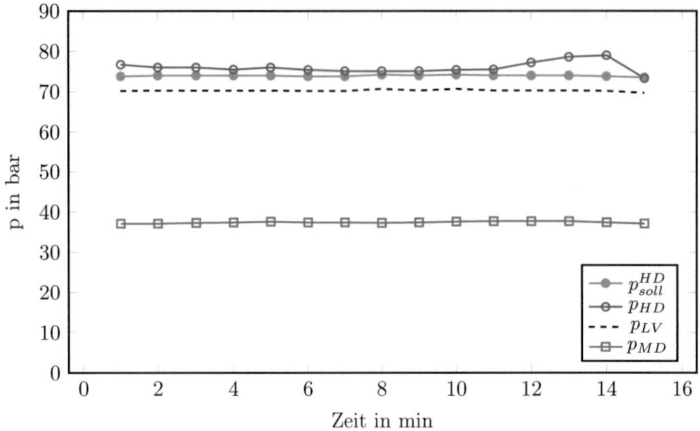

Abbildung 6.24: Druckverläufe im Bilanzzeitraum des ECU-Betriebes: Messung B-5

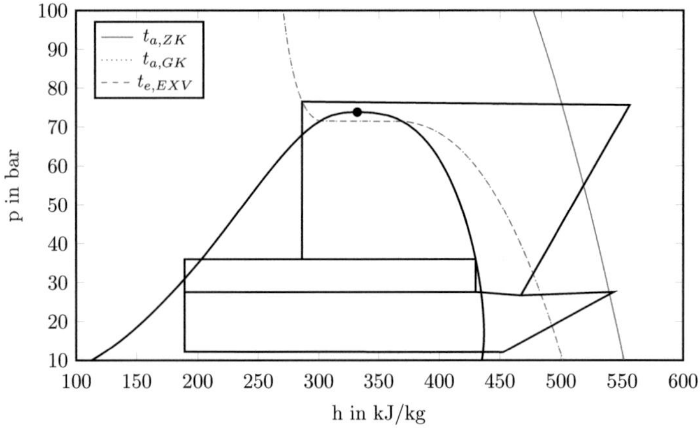

Abbildung 6.25: p,h-Diagramm im EXV-Betrieb: Messung B-5

Die, im Vergleich zu den vorangegangenen Messungen gezeigte Druckdifferenz über den Verdichterteil der Maschine ist größer, da für den FU-Teiler ein höherer Sollwert für die Überhitzung am Verdichterteil der ECU vorgegeben wurde. Dies hatte zur Folge, dass der Verdichter C2 einen verringerten Massenstrom fördert und somit der Verdichterteil der ECU einen höheren Massenstrom vom Mitteldruck absaugen kann. Hierdurch kann ein geringerer Zwischendruck erreicht werden.

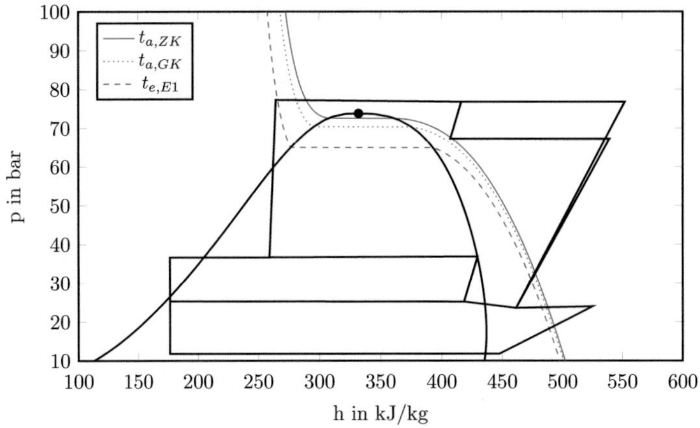

Abbildung 6.26: p,h-Diagramm im ECU-Betrieb: Messung B-5

Tabelle 6.9 stellt verschieden Messgrößen und die exergetischen Wirkungsgrade der beiden Prozesse gegenüber.

Tabelle 6.9: Zusammenstellung der Messreihe B-5 für den EXV-und ECU-Betrieb

Wert	Einheit	Prozess	
		EXV	ECU
p_{HD}	bar	75,6	76
$t_{0,NK}$	°C	-9,8	-11,5
$t_{0,TK}$	°C	-34,5	-35,5
$t_{e,\text{V-NK}}$	°C	15	6,5
$t_{a,C2}$	°C	126,3	108,2
$t_{a,C1}$	°C	126,3	121,3
t_U	°C	25,8	25
$\dot{Q}_{0,TK}$	kW	8,3	2,2
$\dot{Q}_{0,NK}$	kW	32,5	32,2
η_{ex}	1	$0{,}25 \pm 0{,}03$	$0{,}3 \pm 0{,}02$
$\Delta\eta_{ex}$	(%)	19,3	

Resümee der Regelcharakteristik mit Expander-Kompressor-Einheit

In Abbildung 6.27 sind die verschiedenen Einflussgrößen auf die Hochdruck- und FU-Regelung (Massenstrombypass) der ECU und die zugehörigen Stellsignale (y) dargestellt. Die Verdampfungstemperaturen der NK- und TK-Stufe können nach einer Einschwingzeit von 10 Minuten über den dargestellten Zeitraum als konstant betrachtet werden. Dies gilt auch für den Druck im Abscheider p_{MD}. Es ist zu Beginn des Plots deutlich zu sehen, dass der ungeregelte Druck im Mitteldruckabscheider kurz dem Hochdruck folgt und sich anschließend auf einen nahezu konstanten Wert einstellt. Diese Tatsache erklärt sich aus dem Anstieg des Flashgasmassenstroms bei steigendem Hochdruck p_{HD}.

Bei der Regelung muss zwischen zwei Maschinenteilen der Expander-Kompressor-Einheit - dem Expanderteil und dem Verdichterteil - unterschieden werden. Der Expanderteil erhält den Stellgrad zur Hochdruckregelung über ein von der Regelung vorgegebenes 0 - 10 V Signal. Im unteren Diagramm in Abbildung 6.27 ist dieser mit FU_{ECU} bezeichnet.

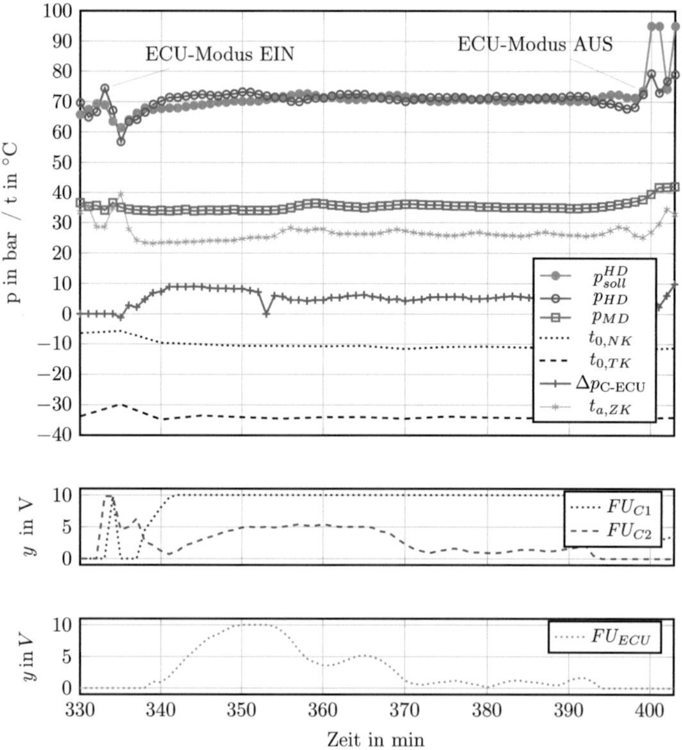

Abbildung 6.27: Einfluss verschiedener Parameter auf die Regelcharakteristik im Betrieb mit ECU am Beispiel der Versuchs- und Demonstrationsanlage

Der Schrittmotor zum Antrieb der Drosselspindel der ECU erhält als Stellgröße ein stetiges 0 - 10 V Signal. Hierbei entsprechen 0 Volt einem geschlossenes Ventil (Maschine steht) und 10 V drei Umdrehungen. Für die frequenzgeregelten Verdichter C1 und C2 ist die Stellgröße von 0 bis 10 Volt direkt proportional zur Drehfrequenz von 25 bis 65 Hz.

In Abbildung 6.27 sehr gut zu erkennen ist, wie die Hochdruckregelung mit Expander-Kompressor-Einheit nach dem Einschalten des ECU-Prozesses die Regelabweichung des Hochdrucks verringert und über den dargestellten Zeitraum nahezu auf den Sollwert regelt. Gleichzeitig regelt der FU-Teiler mittels der beiden frequenzgeregelten Verdichter und unter der Vorgabe einer konstanten NK-Verdampfungstemperatur bzw. eines konstanten Verdampfungsdruckes auf den Sollwert $\Delta T_{oh,C-ECU}$, woraus die im oberen Diagramm eingetragene Druckerhöhung des Verdichterteils $\Delta p_{\text{C-ECU}}$ resultiert.

Tabelle 6.10 und 6.11 zeigen die Regelparameter der Hochdruckregelung mit Expander-Kompressor-Einheit.

Tabelle 6.10: Parameter des Reglers zur Hochdruckregelung (subkritisch)

Parameter	Wert	Einheit
X_P	25	K
T_n	5	s

Tabelle 6.11: Parameter des Reglers zur Hochdruckregelung (transkritisch)

Parameter	Wert	Einheit
X_P	25	K
T_n	20	s

Die Tabellen 6.12 und 6.13 geben einen Überblick zu den verwendeten Regelparametern des FU-Teilers. Der Sollwert wurde mit 4 K vorgegeben. Zur besseren Abstimmung des Frequenzteilers an den Prozess wurden in dieser Anlage zwei getrennte Regler zur Erhöhung und Reduzierung der Frequenzen der Verdichter vorgesehen.

Tabelle 6.12: Parameter des Reglers zur Erhöhung der Frequenz

Parameter	Wert	Einheit
X_P	40	K
T_n	45	s

Tabelle 6.13: Parameter des Reglers zur Verringerung der Frequenz

Parameter	Wert	Einheit
X_P	20	K
T_n	40	s

6.3.3 Vergleich der experimentell ermittelten Ergebnisse mit der Berechnung

Anhand eines Vergleiches der experimentell gewonnenen Ergebnisse der Messung B-4 und B-5 mit der Simulation soll die Eignung der in Kapitel 5 vorgestellten Berechnungsansätze zur Vorhersage des Anlagenverhaltens überprüft werden. Die Messreihen B-4 und B-5 wurden gewählt, da sie den aktuellen Stand der Versuchs- und Demonstrationsanlage darstellen.

Als Randbedingungen für die Berechnung wurden aus der Messung die Kälteleistungen, die Verdampfungstemperaturen, die Überhitzungen der TK- und NK-Verdampfer und die Umgebungstemperaturen des Betriebes mit Expander-Kompressor-Einheit verwendet. Zur Berechnung der Austrittstemperaturen aus dem Zwischenkühler, dem Gaskühler und der inneren Wärmeübertrager wurde jeweils eine minimale Temperaturdifferenz von 5 Kelvin angenommen und die Einhaltung dieser Bedingung in den jeweiligen $t, \dot{Q}$-Diagrammen überprüft. Mit den bekannten Luftvolumen- bzw. Kältemittelmassenstrom ergibt sich somit eine Austrittstemperatur aus dem jeweiligen Wärmeübertrager. Des Weiteren gelten die in Abschnitt 5.3.1 genannten Randbedingungen, wobei der isentrope Gütegrad des Verdichterteils mit 0,7 und der mechanische Wirkungsgrad der ECU mit 0,8 angesetzt wurde. Die Ergebnisse aus der Rechnung und den Messungen sind in Tabelle 6.14 dargestellt. Die Tabelle zeigt, dass das erstellte Simulationsmodell bedingt geeignet ist, den Kälteanlagenprozess mit Expander-Komressor-Einheit abzubilden. Eine erste Abschätzung wichtiger Prozessparameter zur Auslegung einer Anlage kann durch die Berechnung erfolgen. So wurden die Frequenz der Maschine und darauf aufbauend der Druck im Abscheider und am Saugstutzen des Verdichterteils der ECU mit einer geringen Abweichung ermittelt. Für

Tabelle 6.14: Vergleich zwischen Experiment und Berechnung der Messreihen B-4 und B-5

Wert	Einheit	B-4		B-5	
		gemessen	berechnet	gemessen	berechnet
$t_{a,GK}$	°C	26,2	25	28,9	30,7
$t_{a,ZK}$	°C	27,2	23,8	30,3	30
p_{ZK}	bar	65,9	61,2	67,3	66,3
f_{ECU}	1/s	2,0	2,4	3,3	2,7
p_{MD}	bar	35,1	32	37,4	35,8
$t_{\mathrm{e,V\text{-}NK}}$	°C	9,1	9,7	6,5	15,6
$\Delta T_{\mathrm{u,IWÜ\ (1)}}$	K	5,8	4,9	3,2	3,8
$\Delta T_{\mathrm{u,IWÜ\ (2)}}$	K	9,2	2,5	3,5	7,5

weiterführende detaillierte Aussagen ist es erforderlich, die Expander-Komressor-Einheit unter definierten Bedingungen hinsichtlich der Verlustanteile zu untersuchen. Folgende Punkte sollten Ziel einer weiterführenden Untersuchung sein:

- Einfluss der Ölmenge auf den mechanischen Wirkungsgrad

- Erstellung eines Kennfeldes zur Ermittlung der Liefergrade aller Stufen der ECU in Abhängigkeit der Frequenz
- Ermittlung des Schiebermassenstroms im Kennfeld (in Abhängigkeit der Unterkühlung und Frequenz)

6.4 Resümee der experimentellen Untersuchungen

Das Ziel des Nachweises der Dauerlaufeigenschaft der Expander-Kompressor-Einheit im Feld konnte erreicht werden. Ebenfalls zeigen die dargestellten Messwerte, dass die in dieser Arbeit beschriebene Hochdruckregelung mit ECU erfolgreich in die Praxis umgesetzt werden konnte. Die Regelung des FU-Teilers konnte nachgewiesen werden. Jedoch war es in diesem Projekt nicht möglich einen Versuchsbetrieb wie in der Versuchs- und Demonstrationsanlage durchzuführen.

In der Versuchs- und Demonstrationsanlage konnten Experimente durchgeführt werden. Aufgrund der Möglichkeit zusätzlich Messtechnik wie z.B. Leistungsmessung der einzelnen Verdichter und Massenstromsensoren einzusetzen ist es in dieser Anlage möglich, den Prozess mit Expander-Kompressor-Einheit detaillierter zu untersuchen. Die vorgestellten Messergebnisse zeigen den zeitlich chronologischen Ablauf der Versuche und stellen so die einzelnen Entwicklungsschritte der Prozessschaltung mit ECU dar. Wie in der Feldtestanlage wurde die Hochdruckregelung mit Expander-Kompressor-Einheit erfolgreich nachgewiesen. Ebenfalls lässt sich die Funktion des FU-Teilers nachweisen. Zusätzlich wurden die exergetischen Wirkungsgrade beider Prozesse experimentell gegenübergestellt und eine Einsparung mit ECU aufgezeigt werden. Werden die exergetischen Wirkungsgrade des ECU-Prozesses von Messung von B-1 bis B-5 verglichen, so zeigt sich von Messung B-1 nach B-2 ein geringer Abfall des exergetischen Wirkungsgrades. Diese Beobachtung kann dadurch erklärt werden, dass zu Beginn der Versuchsreihe davon ausgegangen wurde, dass der Ölwurf der Hauptverdichter zur Schmierung der ECU ausreicht und somit für die Einheit keine gesonderte Ölzufuhr installiert werden muss. Diese Vermutung konnte nicht bestätigt werden. Nach Messung B-2 wurde eine Revision der Expander-Kompressor-Einheit durchgeführt und der Hilfsschieber ausgewechselt. Des Weiteren musste die Lauffläche des Hilfsschiebers nachbearbeitet werden. Bei den Zylindern der einzelnen Stufen, den Kolben und Kolbenringen wurde kein Verschleiß festgestellt. Für die folgenden Messungen wurde schrittweise eine manuelle Ölzuführung in die zweite Entspannungsstufe und anschließend in alle Eintritte vorgesehen. Des Weiteren haben die Messungen gezeigt, dass im Betrieb mit ECU eine im Vergleich zum EXV-Prozess deutliche Unterkühlung in den inneren Wärmeübertragern stattfindet. Tabelle 6.15 und 6.16 gibt eine Zusammenfassung der Messreihen der Versuchs- und Demonstrationsanlage.

Tabelle 6.15: Gegenüberstellung ausgewählter Messwerte der Messreihen B-1 bis B-3 des EXV-und ECU-Betriebes und berechnete exergetische Wirkungsgrade und Einsparungen gegenüber dem EXV-Prozess

		B-1	B-2		B-3	
		ECU	EXV	ECU	EXV	ECU
p_{HD}	bar	79,6	76,2	77,9	68,7	68,7
p_{MD}	bar	41,6	38,1	39,7	35,4	34
$t_{0,NK}$	°C	-6,9	-7,5	-8,7	-11,2	-8,4
$t_{0,TK}$	°C	-33,6	-34	-34,2	-37,4	-35,2
$t_{\text{e,V-NK}}$	°C	-6,6	16,4	10,6	9,7	9,6
$t_{a,C2}$	°C	69,4	120,8	109,7	105,7	99,5
$t_{a,C1}$	°C	83,1	120,8	118,6	105,7	107,1
t_U	°C	25	27,2	25,2	19,3	19,4
$\dot{Q}_{0,TK}$	kW	6,2	6	5,7	3,5	8,8
$\dot{Q}_{0,NK}$	kW	33,3	32,8	33,7	13,6	18,3
η_{ex}		0,3	$0{,}25 \pm 0{,}02$	$0{,}28 \pm 0{,}02$	$0{,}21 \pm 0{,}03$	$0{,}25 \pm 0{,}02$
$\Delta\eta_{ex}$	%	–	10,5		21,2	

Tabelle 6.16: Gegenüberstellung ausgewählter Messwerte der Messreihen B-4 und B-5 für den Vergleich des EXV-und ECU-Betriebes und berechnete exergetische Wirkungsgrade und Einsparungen gegenüber dem EXV-Prozess

		B-4		B-5	
		EXV	ECU	EXV	ECU
p_{HD}	bar	73,2	71,4	75,6	76
p_{MD}	bar	35,6	35,1	36	37,4
$t_{0,NK}$	°C	-8,4	-10,1	-9,8	-11,5
$t_{0,TK}$	°C	-34,4	-33,8	-34,5	-35,5
$t_{\text{e,V-NK}}$	°C	11,5	9,1	15	6,5
$t_{a,C2}$	°C	108,5	97,3	126,3	108,2
$t_{a,C1}$	°C	108,5	110,9	126,3	121,3
t_U	°C	17,3	18,8	25,8	25
$\dot{Q}_{0,TK}$	kW	4,1	3,6	8,3	2,2
$\dot{Q}_{0,NK}$	kW	18,6	31,1	32,5	32,2
η_{ex}		$0{,}23 \pm 0{,}03$	$0{,}25 \pm 0{,}02$	$0{,}25 \pm 0{,}03$	$0{,}3 \pm 0{,}02$
$\Delta\eta_{ex}$	%	11,3		19,3	

7 Zusammenfassung und Ausblick

In Gewerbekälteanlagen wird zunehmend das natürliche und umweltfreundliche Kältemittel Kohlenstoffdioxid eingesetzt. Im Vergleich mit synthetischen Kältemitteln wie z.B. R134a entstehen große Druckdifferenzen bei der Entspannung und Verdichtung. Der Einsatz einer arbeitsleistenden Entspannung in Kombination mit einer Zwischenkühlung und einer zweiten Verdichtungsstufe kann die Leistungszahl bzw. den exergetischen Wirkungsgrad des Kälteprozesses steigern und die Verdichtungsendtemperatur der Hauptverdichter reduzieren.

Wird eine solche Expander-Kompressor-Einheit in eine Anlage integriert, die unterschiedliche Betriebszustände abbilden muss, kann es ohne eine geeignete Regelung zu Problemen im Betrieb kommen. So kann z.B. das Ersetzen des Hochdruckregelventils zu einem nicht optimalen Hochdruck oder einem Flashgasbypass im Anlagenbetrieb führen. Ist ein Mitteldruckabscheider vorhanden und ersetzt eine Expansionsstufe das Mitteldruckregelventil, muss die Überhitzung am Saugstutzen der Verbundverdichter überprüft werden. Für den sub- und transkritischen Betrieb mit einer Expander-Kompressor-Einheit fehlen Regelstrategien und Untersuchungen der Expander-Kompressor-Einheit nahezu vollständig.

In dieser Arbeit wurde an zwei unterschiedlichen Gewerbekälteanlagen gezeigt, wie die praktische Einbindung einer Expander-Kompressor-Einheit und deren Regelstrategie erfolgen kann. Hierbei handelt es sich zum einen um eine Feldtestanlage und zum anderen um eine Versuchs- und Demonstrationsanlage. Die Feldtestanlage mit einem Verdampfungsdruckniveau stellt die Machbarkeit der Einbindung und des Betriebes erstmalig im Feld dar. In der Versuchs- und Demonstrationsanlage, welche in der Boosterschaltung ausgeführt ist, ist es möglich unterschiedliche Betriebszustände einzustellen und das Verhalten der Expander-Kompressor-Einheit zu bestimmen.

Im theoretischen Teil der Arbeit wurde eine allgemeingültige Regelstrategie für den Hochdruck, den Zwischenkühler und den Massenstrom des Verdichterteils der Expander-Kompressor-Einheit hergeleitet und detailliert beschrieben. Darauf aufbauend konnte eine Berechnungsgleichung zur Bestimmung des optimalen Hochdrucks der Versuchs- und Demonstrationsanlage am Beispiel der in dieser Anlage eingesetzten Einheit ermittelt werden. Die Berechnungsgleichung des Hochdrucksollwertes für den subkritischen Betriebsfall kann auch bei anderen R744-Kälteanlagen mit Expander-Kompressor-Einheit Verwendung finden.

Am Beispiel der Versuchs- und Demonstrationsanlage wurden für den Anlagenbetrieb wichtige Berechnungen, wie z.B. der Verlauf des ungeregelten Drucks im Mitteldruckabscheider, erstmalig der Einfluss des Schiebermassenstroms und der Integration von inneren Wärmeübertragern auf die Überhitzung am Saugstutzen des NK-Verdichterverbundes dargestellt. Aus den Ergebnissen kann geschlossen werden, dass bei der aktuellen Einbindung des Schiebermassenstroms ein innerer Wärmeübertrager zwingend notwendig ist, um eine Überhitzung am Saugstutzen der NK-Verdichter im sub- und transkritischen Betriebszustand zu erzielen. Hierzu muss mindestens ein innerer Wärmeübertrager eingesetzt werden.

Im experimentellen Teil wurde während eines Langzeitversuches mit Expander-Kompressor-Einheit in einer Feldtestanlage eine Laufzeit von 2500 Stunden nachgewiesen. Ebenfalls kann gezeigt werden, dass die Regelstrategie im Feld umgesetzt werden kann. Da im Anlagenbetrieb zum Vergleich des ECU- und EXV-Prozesses es nicht möglich war, zwischen beiden Prozessen für experimentelle Untersuchungen zu wechseln, wurden die für vergleichende Bewertungen Messergebnisse aus dem Prozess mit ECU, dem berechneten EXV-Prozess gegenübergestellt.

Mit der Versuchs- und Demonstrationsanlage ist ein direkter messtechnischer Vergleich beider Prozesse durch manuelles Umschalten möglich. Die Ergebnisse zeigen, dass eine Einsparung gegenüber dem EXV-Prozess erreicht werden kann. Auch in dieser Anlage konnte die Hochdruckregelung erfolgreich umgesetzt werden. Zusätzlich wurde experimentell die Funktion des Frequenzteilers zur Regelung des Massenstrombypasses des Verdichterteils der Expander-Kompressor-Einheit in sub- und transkritischen Betriebszuständen nachgewiesen. Durch diesen FU-Teiler ist es möglich, auch wenn die Einheit nicht am Auslegungspunkt betrieben wird, eine Druckdifferenz über den Verdichterteil der ECU aufzubauen. Ebenfalls konnte nachgewiesen werden, dass die Verdichtungsendtemperatur des auf den Verdichterteil der Expander-Kompressor-Einheit fördernden Verdichters reduziert werden kann.

Der Vergleich von experimenteller und rechnerischer Bestimmung zeigt für die Versuchs- und Demonstrationsanlage, dass mit dem erstellten Berechnungsmodell eine erste Abschätzung der zu erwartenden Prozessparameter in einem Kreislauf mit Expander-Kompressor-Einheit möglich ist. Für detaillierte Aussagen muss das vorhandene Modell durch weitere Messungen wie zum Beispiel Bestimmung der Liefergrade, des mechanischen Wirkungsgrades und des Schiebermassenstroms in Abhängigkeit der Unterkühlung und Frequenz der ECU sowie der zur Verfügung gestellten Ölmenge erweitert werden.

Mit Hilfe der Ergebnisse dieser Arbeit wird die praktische Umsetzung der Regelstrategie und der Integration der Expander-Kompressor-Einheit in den Kälteanlagenprozess wesentlich vereinfacht. Für die Weiterführung der Arbeit ist es wünschenswert eine getrennte Berechnung des Sollwertes für den Hochdruck für den EXV- und ECU-Betrieb in der Software der Steuerung umzusetzen, wenn beide Prozesse in einer Anlage umgesetzt werden. Weiterer Aufklärungsbedarf besteht bei der Beschreibung des dynamischen Verhaltens der Kälteanlage mit ECU und der detaillierten Untersuchung wie z.B. Indizierung und der Ermittlung eines Kennfeldes zur Bestimmung des Liefergrades aller Stufen. Hierzu wurde eine weitere transkritische Versuchsanlage an der TU Dresden geplant und aufgebaut.

Literaturverzeichnis

[Akira u. a. 2012] AKIRA, I. ; TAKASHI, M. ; ATSUO, O.: *Scroll expander.* Oktober 4 2012. – JP Patent 2009002221

[Baehr u. Kabelac 2012] BAEHR, H.D. ; KABELAC, Stephan: *Thermodynamik / Grundlagen und technische Anwendungen.* 15. Aufl. 2012. Berlin, Heidelberg : Springer Berlin Heidelberg, 2012. – ISBN 3642241611

[Baek u. a. 2005a] BAEK, J. S. ; GROLL, E. A. ; LAWLESS, P. B.: Piston-cylinder work producing expansion device in a transcritical carbon dioxide cycle. Part I: experimental investigation. In: *International Journal of Refrigeration* 28 (2005), S. 141–151

[Baek u. a. 2005b] BAEK, J.S. ; GROLL, E.A. ; LAWLESS, P.B.: Piston-cylinder work producing expansion device in a transcritical carbon dioxide cycle. Part II: theoretical model. In: *International Journal of Refrigeration* 28 (2005), S. 152 – 164

[Bantel 2000] BANTEL, M.: *Grundlagen der Messtechnik / Messunsicherheit von Messung und Messgerät.* München [u.a.] : Fachbuchverlag Leipzig, 2000. – ISBN 9783446215207

[Bitzer 2013] BITZER: *BITZER Software v.6.3.3.* Software, 2013

[Bosen 2005] BOSEN, W.D.: *Turbo expander for cryogenic uses.* August 31 2005. – EP Patent 1273857

[Brasz 2001] BRASZ, J.J.: *Single rotor expressor as two-phase flow throttle valve replacement.* 2001. – US Patent 6185956

[Cen u. a. 2012] CEN, Jiwen ; LIU, Pei ; JIANG, Fangming: A novel transcritical CO_2 refrigeration cycle with two ejectors. In: *International Journal of Refrigeration* 35 (2012), Nr. 8, S. 2233 – 2239. – ISSN 0140–7007

[Chasserot 2010] CHASSEROT, M.: Sheco guide; natural refrigerants market growth for europe. 2010. – Forschungsbericht

[Cube u. Lotz 1981] CUBE, H.L. ; LOTZ, K.: *Lehrbuch der Kältetechnik; Band 1.* C. F. Müller, 1981

[Deffeyes 2008] DEFFEYES, K.: *Hubbert's Peak: The Impending World Oil Shortage.* Princeton University Press, 2008. – ISBN 0691141193

[Dubbel 2007] DUBBEL, Heinrich B.: *Dubbel / Taschenbuch für den Maschinenbau.* 22., neubearb. und erw. Aufl. Berlin; Heidelberg [u.a.] : Springer : Springer, 2007. – ISBN 3540497145

[Elbel 2011] ELBEL, S.: Historical and present developments of ejector refrigeration systems with emphasis on transcritical carbon dioxide air-conditioning applications. In: *International Journal of Refrigeration* 34 (2011), Nr. 7, S. 1545–1561

[Elbel 2007] ELBEL, Stefan: *Experimental and analytical investigation of a two-phase ejector used for expansion work recovery in a transcritical R744 air-conditioning system*, University of Illinois at Urbana-Champaign, Diss., 2007

[Elbel u. Hrnjak 2008] ELBEL, Stefan ; HRNJAK, Pega: Experimental validation of a prototype ejector designed to reduce throttling losses encountered in transcritical R744 system operation. In: *International Journal of Refrigeration* 31 (2008), Nr. 3, S. 411–422

[Fastowski u. a. 1970] FASTOWSKI, W. G. ; PETROWSKI, J. W. ; ROWINSKI, A. E.: *Kryotechnik.* Akademie-Verlag GmbH, 1970

[Fredrich 2003] FREDRICH, O.: *Untersuchungen an einer Kolbenexpansionsmaschine mit integrierten Wärmeübertragerflächen (Wärmeübertrager-Expander) zur Realisierung eines neuartigen Neon-Tieftemperatur-Prozesses*, Technische Universität Dresden, Diss., 2003

[Fukuta u. a. 2006] FUKUTA, M. ; YANAGISAWA, T. ; KOSUDA, O. ; OGI, Y.: Performance of scroll expander for CO_2 refrigeration cycle. (2006)

[Ge u. Tassou 2011] GE, Y.T. ; TASSOU, S.A.: Performance evaluation and optimal design of supermarket refrigeration systems with supermarket model "SuperSim". Part II: Model applications. In: *International Journal of Refrigeration* 34 (2011), Nr. 2, S. 540 – 549

[Gerber u. Wenzel 2011] GERBER, R. ; WENZEL, M.: Integration of a three-stage expander into a CO_2 refrigeration system in the field. In: *ICR 2011*, 2011

[Gernemann 2003] GERNEMANN, A.: *Konzeption, Aufbau und energetische Bewertung einer zweistufigen CO_2-Kälteanlage zur Kältebereitstellung in gewerblichen Normal- und Tiefkühlanlagen (Supermarkt)*, Universität Duisburg-Essen, Fakultät für Ingenieurwissenschaften, Diss., 2003

[Groth 1995] GROTH, Klaus: *Groth, Klaus: Grundzüge des Kolbenmaschinenbaus - 2 : Kompressoren.* Braunschweig : Vieweg, 1995. – ISBN 9783528066765

[Guangming u. a. 2010] GUANGMING, C. ; XIAOXIAO, X. ; SHUANG, L. ; LIXIA, L. ; LIMING, T.: An experimental and theoretical study of a CO_2 ejector. In: *International Journal of Refrigeration* 33 (2010), Nr. 5, S. 915–921

[Haaf 2002] HAAF, Heinbokel S.: Supermarktkälteanlagen mit natürlichen Kältemitteln. In: *Die Kälte- und Klimatechnik* 55 (2002), Nr. 9/2002, S. 32–39

[Haberstroh 2010] HABERSTROH, Christoph: *Flüssigheliumversorgung.* TUDpress, 2010

[Haiqing u. a. 2006] HAIQING, G. ; YITAI, M. ; MINXIA, L.: Some design features of CO_2 swing piston expander. In: *Applied thermal engineering* 26 (2006), Nr. 2, S. 237–243

[Hattori u. a. 1998] HATTORI, H. ; OZU, M. ; SAITO, K. ; MORISHIMA, A. ; OTAKA, T. ; FUTAMURA, M.: *Rolling-piston expander apparatus.* Juli 7 1998. – US Patent 5775883

[Hesse 1992] HESSE, U.: *Ersatzstoffe für FCKW / Ersatzkältemittel und Ersatztechnologien in der Kältetechnik.* Ehningen bei Böblingen : Expert-Verl., 1992. – ISBN 9783816907633

[Heyl u. Quack 1999] HEYL, P. ; QUACK, H.: Transkritischer CO_2-Prozess mit arbeitsleistender Entspannung - Betriebserfahrungen und Versuchsergebnisse. In: *DKV Tagungsband; Berlin*, 1999 (26)

[Heyl 1999] HEYL, Peter: *Untersuchungen transkritischer CO_2 Prozesse mit arbeitsleistender Entspannung - Prozessberechnungen, Auslegung und Test einer Expansions-Kompressions-Maschine*, TU Dresden, Diss., 1999

[Hieble u. Javerschek 2011] HIEBLE, T. ; JAVERSCHEK, O.: Auslegung, Berechnung und Simulation von Booster-Kälteanlagen mit CO_2 als Kältemittel. In: *KI Kälte - Luft - Klimatechnik* (2011), Mai, S. 30 – 34

[Higashiiue u. a. 2010] HIGASHIIUE, Shinya ; NOMOTO, So ; MINAMISAKO, Horokazu: *Ejector, motive fluid foaming method and refrigeration cycle.* Jan 3 2010. – US Patent 2013/0000348

[Huff u. Radermacher 2003] HUFF, H. J. ; RADERMACHER, R.: CO_2 Compressor-Expander Analysis. In: *Air-Conditioning and Refrigeration Technology Institute.* ARTI-21CR, 611-10060-01, 2003

[Huff u. a. 2003] HUFF, H. J. ; RADERMACHER, R. ; PREISSNER, M.: Experimental investigation of a scroll expander in a carbon dioxide air-conditioning system. In: *Proceedings of the 21th International Congress of Refrigeration Washington*, 2003

[Jungnickel u. a. 1990] JUNGNICKEL, H. ; AGSTEN, R. ; KRAUS, W. E.: *Grundlagen der Kältetechnik.* 3., stark bearb. Aufl. Berlin : Verl. Technik, 1990. – ISBN 9783341008065

[Kaiser 1984] KAISER, Harald: *System-und Verlustanalyse von Kältemittelverdichtern unterschiedlicher Bauart*, Universität Hannover, Diss., 1984

[Keller u. Göbel 1997] KELLER, J. U. ; GÖBEL, M. U.: Die Thermodrossel: Eine Anlage zur Entspannung komprimierter Flüssigkeiten unter Wärmeabgabe. In: *KI. Luft-und Kältetechnik* 33 (1997), Nr. 2, S. 57–60

[Kim 2006] KIM, H. J.: *Combinied scroll expander-compresor for improvingcenergy transfer efficiency and simplyfiying a structure by removing a process of converting mechanical energy obtained at an expander into electric energy through a dynamo.* 2006. – KR Patent 102008038733

[Kim u. a. 2006] KIM, Y.M. ; SHIN, D.G. ; LEE, J.H. u. a.: *Scroll-type expander having heating structure and scroll-type heat exchange system employing the expander.* Oktober 24 2006. – US Patent 7124585

[Kleinert 1989] KLEINERT, H.J.: *Taschenbuch Maschinenbau - Band 5; Kolbenmaschinen, Strömungsmaschinen.* Verlag Technik, 1989

[Kruse u. a. 2006] KRUSE, H. ; RÜSSMANN, H. ; MARTIN, E. ; JAKOBS, R.: Positive Displacement Carbon Dioxide Expansion Machines - Changes and Limitations. In: *International Compressor Engineering Conference*, 2006

[Kun u. Nenov 1994] KUN, L.C. ; NENOV, N.T.: *Helical dry screw expander with sealing gas to the shaft seal system.* September 20 1994. – US Patent 5348456

[Kunicic u. Hartmann 2003] KUNICIC, T. ; HARTMANN, K.: 2-Phasen-Schraubenexpansionsmaschinen in grossen Kälteanlagen. In: *KI Luft- und Kältetechnik* (2003), Nr. 1, S. 20–24

[Lemke 2005] LEMKE, N.C.: *Untersuchung zweistufiger Flüssigkeitskühler mit dem Kältemittel CO_2*, Diss., 2005

[Lemmon u. a. 2007] LEMMON, E.W. ; HUBER, M.L. ; MCLINDEN, M.O.: *Refprop.* Version 8.0. 2007

[Liao u. a. 2000] LIAO, SM ; ZHAO, TS ; JAKOBSEN, A: A correlation of optimal heat rejection pressures in transcritical carbon dioxide cycles. In: *Applied Thermal Engineering* 20 (2000), Nr. 9, S. 831–841

[Liu u. a. 2007] LIU, B. ; ZHANG, B. ; PENG, X. ; SHU, P.: Research and Development of free Piston Expanders for transcritical CO_2 Refrigeration Cycle. In: *International Congress of Refrigeration, Beijing*, 2007

[Liu u. Groll 2008] LIU, F. ; GROLL, E. A.: Recovery of throttling losses by a two-phase ejector in a vapour compression cycle. In: *Air-Cconditioning and refrigeration technology institute, INC* (2008)

[Lorentzen u. a. 1993] LORENTZEN, G. ; PETTERSEN, J. ; BANG, R.R.: *Method and device for high side pressure regulation in transcritical vapor compression cycle.* 1993. – US Patent 5245836

[Lucas u. a. 2013] LUCAS, Christian ; KOEHLER, Juergen ; SCHROEDER, Andreas ; TISCHENDORF, Christian: Experimentally validated CO_2 ejector operation characteristic used in a numerical investigation of ejector cycle. In: *International Journal of Refrigeration* 36 (2013), Nr. 3, S. 881 – 891. – ISSN 0140–7007

[MacCracken 1988] MACCRACKEN, C.D.: *Immiscible propellant and refrigerant pairs for ejector-type refrigeration systems.* August 9 1988. – US Patent 4761970

[Martin 2005] MARTIN, E.: Expansionsmaschine für CO_2 mit Schlitzsteuerung (DBU Abschlussbericht) / Forschungszentrum für Kältetechnik und Wärmepumpen GmbH Hannover. 2005. – Forschungsbericht

[Masayuki u. a. 2008] MASAYUKI, K. ; SEKIYA, Shin ; KODA, Toshihide ; SUGIHARA, Masahiro: *Scroll Expander.* 2008. – US Patent 20080298992

[Maurer u. Zinn 1999] MAURER, T. ; ZINN, T.: Experimentelle Untersuchung von Entspannungsmaschinen mit mechanischer Leistungsauskopplung für die transkritische CO_2-Kältemaschine. In: *DKV-Tagungsbericht* Bd. II/2, 1999, S. 264–277

[Mischner u. Bespalov 2002] MISCHNER, J. ; BESPALOV, VI: Zur Entropieproduktion im Ranque-Hilsch-Rohr. In: *Forschung im Ingenieurwesen* 67 (2002), Nr. 1, S. 1–10

[Nagata u. a. 2010] NAGATA, H. ; KAKUDA, M. ; SEKIYA, S. ; SHIMOJI, M. ; KODA, T.: Development of a Scroll Expander for the CO_2 Refrigeration Cycle. In: *International Compressor Engineering Conference at Purdue* (2010)

[Nickl 2006] NICKL, J.: *Combined piston-expander-compressor.* Mai 2006. – WO Patent 2006053517

[Nickl 2007] NICKL, Jörg: *Entwicklung einer Expander-Kompressor-Einheit zur Realisierung eines transkritischen Linksprozesses mit dem Arbeitsstoff Kohlendioxid*, TU Dresden, Diss., 2007

[Ogata u. a. 2010] OGATA, Giuta ; NISHIJIMA, Haruyuki ; YAMADE, Etsuhisa ; GOCHO, Mika: *Ejector.* September 1 2010. – US Patent 2011061423

[Petrak 2012] PETRAK, Miroslav: Transkritische CO_2-Kälteanlagen mit künstlicher Unterkühlung. In: *KI Kälte - Luft - Klimatechnik* (2012)

[Plank 1928] PLANK, Rudolf: Über den Ideal-Prozeß von Kältemaschinen bei Verbund-Kompression. In: *Zeitschrift für dei gesamte Kälteindustrie* Heft 2 (1928), Nr. Jahrgang 35, S. 17–24

[Pozivil 2002] POZIVIL, J.: *Cryogenic turbo-expander.* 2002. – US Patent 6439836

[Quack 2000] QUACK, H.: Cryogenic expanders. In: *Proceedings of the Eighteen International Cryogenic Engeneering Conference (ICEC18), Mumbai, India* (2000), S. 33–39

[Quack u. a. 2004] QUACK, H. ; KRAUS, W. E. ; NICKL, J. ; WILL, G.: Intergration einer Expansionsmaschine in ein CO_2-Kältesystem. In: *KI Luft- und Kältetechnik* (2004), September, S. 332 – 335

[Rewers 2005] REWERS, Gregory: *System oriented development and analysis of a CO_2 external gear expander in a mobile air conditioning system*, University of Valenciennes, France, Diss., 2005

[Rhiemeier u. a. 2008] RHIEMEIER, Jan-Martin ; HARNISCH, Jochen ; TERS, Christian ; KAUFFELD, Michael ; LEISEWITZ, André: Vergleichende Bewertung der Klimarelevanz von Kälteanlagen und - geräten für den Supermarkt / Umweltbundesamt. 2008. – Forschungsbericht 206 44 300 UBA-FB 001180

[Richter u. a. 2009] RICHTER, H. ; BAUSCH, C. ; GRIESER, J.: *Expansionsmaschine für ein Fahrzeug.* Januar 2 2009. – DE Patent 102007019422

[Riedel 2007] RIEDEL, Eberhard: *1 x 1 der Gase / Physikalische Daten für Wissenschaft und Praxis.* 3., überarb. Aufl. Düsseldorf : Air Liquide Deutschland, 2007

[Riha 2005] RIHA, Josef: Sub-critical operation of the TU Dresden CO_2 Expander/Compressor. In: *XI European conference on technological innovations in air conditioning and refrigreation industry*, 2005

[Riha 2007] RIHA, Josef: *Optimaler Einsatz von Expandern in CO_2 Kälteanlagen*, TU Dresden, Diss., 2007

[Robinson u. Groll 1998] ROBINSON, D. M. ; GROLL, E.A.: Efficiencies of Transcritical CO_2-Cycles with and without an Expansion Turbine. In: *International Journal of Refrigeration* 21 (1998), Nr. 577 - 589

[Sawalha 2008] SAWALHA, Samer: Theoretical evaluation of trans-critical CO_2 systems in supermarket refrigeration. Part I: Modeling, simulation and optimization of two system solutions. In: *International Journal of Refrigeration* 31 (2008), Nr. 3, S. 516 – 524. – ISSN 0140–7007

[Schott u. a. 2012] SCHOTT, C.G. ; KINZIE, K.W. ; LYNCH, J.J. ; BALL, D.W. ; SIDEN, G.L. ; WHALING, K.N.: *Methods and apparatus for assembling a low noise ejector motive nozzle.* März 20 2012. – US Patent 20070256420

[Schwarz u. a. 2011] SCHWARZ, W. ; GSCHREY, B. ; LEISEWITZ, A. ; HEROLD, A. ; GORES, S. ; PAPST, I. ; USINGER, J. ; OPPELT, D. ; CROISET, I. ; PEDERSEN, P. H. ; COLBOURNE, D. ; KAUFFELD, M. ; KAAR, K. ; SCHWARZ, W. ; GSCHREY, B. ; LEISEWITZ, A. ; HEROLD, A. ; GORES, S. ; PAPST, Irene ; USING, J. ; OPPELT, D. ; CROISET, I ; PEDERSEN, P. H. ; COLBOURNE, D. ; KAUFFELD, M. ; KAAR, K. ; LINDBORG, A.: Preparatory study for a review of Regulation (EC) No 842/2006 on certain fluorinated greenhouse gases / Prepared for the European Commission in the context of Service Contract No 070307/2009/548866/SER/C4. 2011. – Forschungsbericht

[Simmons 2005] SIMMONS, M. R.: *Twilight in the Desert: The Coming Saudi Oil Shock and the World Economy.* John Wiley and Sons, Inc., 2005. – ISBN 0471745391

[Smith Jr 2001] SMITH JR, J.L.: *High efficiency modular cryocooler with floating piston expander.* März 27 2001. – US Patent 6205791

[Stosic u. a. 2002] STOSIC, Nikola ; SMITH, Ian K. ; KOVACEVIC, Ahmed: A twin screw combined compressor and expander for CO_2 refrigeration systems. In: *International Compressor Engineering Conference*, 2002

[Süß 1998] SÜSS, J.: *Untersuchungen zur Konstruktion moderner Verdichter für Kohlendioxid als Kältemittel*, Universität Hannover, Diss., 1998

[Süß 2001] SÜSS, Jürgen: Expansion im transkritischen CO_2-Prozess. In: *KI Luft-und Kältetechnik* 1 (2001), S. 33–36

[Tang u. Bush 2003] TANG, Y. ; BUSH, J.W.: *Scroll compressor and expander.* August 20 2003. – EP Patent 1336759

[Tang u. Brasz 2008] TANG, Yan ; BRASZ, Joost J.: *Refrigeration cycle with a main compressor and a screw expander-compressor.* Januar 9 2008. – EP Patent 1376030

[Tondell 2006a] TONDELL, E.: Impulse expander for CO_2. In: *7th IIR Gustav Lorentzen Conference on Natural Working Fluids, Trondheim* (2006), S. 107–110

[Tondell 2006b] TONDELL, Espen: *CO_2-expansion work recovery by impulse turbine*, Norwegian University of Science and Technology, Diss., 2006

[Wenzel u. Nickl 2009] Wenzel, M. ; Nickl, J.: CO_2 Expander-Kompressor-Einheit: Weiterentwicklung, Einbindung in Kälteanlagen und Regelung. In: *DKV Tagungsband; Berlin*, 2009

[Whaling u. a. 2012] Whaling, K.N. ; Erickson, D.M. ; Zhang, H. ; Ball, D.W. ; Pompey, C.R.: *Variable geometry ejector.* März 27 2012. – US Patent 8142169

[Yang u. a. 2009] Yang, B. ; Peng, X. ; He, Z. ; Guo, B. ; Xing, Z.: Experimental investigation on the internal working process of a CO_2 rotary vane expander. In: *Applied Thermal Engineering* 29 (2009), Nr. 11, S. 2289–2296

[Yang u. a. 2007] Yang, J. L. ; Ma, Y. T. ; Liu, S. C.: Performance investigation of transcriticl carbon dioxide two-stage compression cyle with expander. In: *International Journal of Refrigeration* 32 (2007), S. 237 – 245

[Yitai u. a. 1999] Yitai, M. A. ; Kanhong, W. ; Zhao, Y. ; Canren, L.: Thermodynamic analysis on CO_2 transcritical cycle with expander. In: *Journal of Engineering Thermophysics* 6 (1999), S. 287–292

[Yoshimura 2012] Yoshimura, S.: *Screw expander systems.* September 20 2012. – US Patent 20120237382

[Zha u. a. 2003] Zha, S. ; Ma, Y. ; Sun, X.: The development of CO_2-expander in CO_2-transcritical cycle. In: *Proceedings of the 21th International Congress of Refrigeration Washington*, 2003

A Revision der ECU in der Versuchs- und Demonstrationsanlage

(a) Sitz des Kompressorventils

(b) Kompressorventil

Abbildung A.1: Selbsttätige Ventile des Verdichterteils nach der Revision

In der obigen Abbildung ist exemplarisch für die vier selbsttätigen baugleichen Kompressorventile ein Ventil (A.1b) dessen Sitz (A.1a) dargestellt. Sehr gut kann erkannt werden, wie der Sitz und der Ventilkörper eingelaufen sind. In den Abbildung A.2 und A.3 sind die Zylinder der einzelnen Stufen mit den Einlaufspuren zu erkennen. In diesen Abbildungen wird noch einmal deutlich, dass die Laufflächen nicht gehont wurden. Abbildung A.3b zeigt die nach der Revision eingeführte Abdichtung der einzelnen Segmente der Kolbenstange. Die hier gezeigte Stange befindet sich in den Segment zwischen E2 und Mitnehmerzylinder.

(a) Zylinder E1

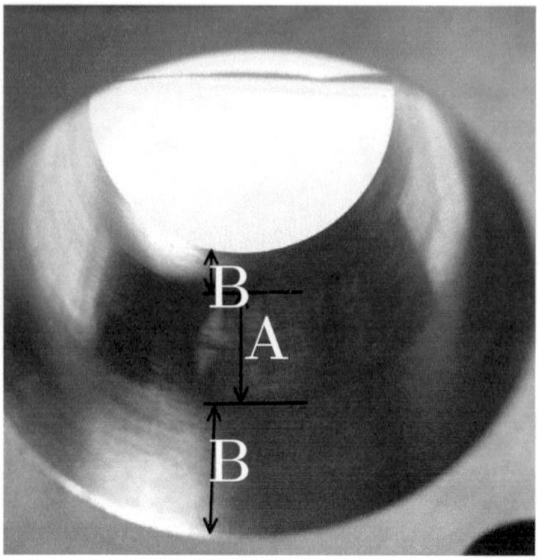

(b) Zylinder E2

Abbildung A.2: Zylinder des Expanders nach Revision
A: Lauffläche des Kolbens;
B: Sitzfläche der Verbindungssegmente zwischen den einzelnen Zylindern

(a) Kompressorzylinder

(b) Abdichtung der Kolbenstange

Abbildung A.3: Eingebaute Kolbenstange mit zusätzlicher Dichtung und Kompressorzylinder
A: Lauffläche des Kolbens

B Erläuterungen zur Berechnung

Tabelle B.1: $\eta^G_{\text{E,Volld,th}}$ als Funktion der Unterkühlung bei $t_{e,E1} = 35\,°\text{C}$ und $p_{e,E1} = 95,2\,\text{bar}$

ΔT_u K	$s_{e,E1}$ kJ/kg K	$\varrho_{E1,e}$ kg/m^3	$\Delta h_{s,E1}$ kJ/kg	$w_{\text{t,Volld,th}}$ kJ/kg	$\eta^G_{E,Volld,th}$ –	$\Delta+$ %
0	1,295	692,47	12,64	8,69	0,688	0
0,5	1,288	700,43	12,39	8,59	0,694	0,9
1	1,281	708,04	12,15	8,50	0,700	1,7
1,5	1,274	715,33	11,92	8,42	0,706	2,6
2	1,267	722,33	11,70	8,33	0,712	3,5
2,5	1,261	729,07	11,49	8,26	0,718	4,5
3	1,255	735,57	11,29	8,18	0,725	5,4

Tabelle B.2: $\eta^G_{\text{E,Volld,th}}$ als Funktion der Unterkühlung bei $p_{e,E1} = 65\,\text{bar}$

ΔT_u K	$s_{e,E1}$ kJ/kg K	$\varrho_{E1,e}$ kg/m^3	$\Delta h_{s,E1}$ kJ/kg	$w_{\text{t,Volld,th}}$ kJ/kg	$\eta^G_{E,Volld,th}$ –	$\Delta+$ %
0	1,255	703,62	7,10	4,26	0,600	0
0,5	1,244	716,92	6,84	4,18	0,612	2,0
1	1,234	728,35	6,60	4,12	0,624	3,9
1,5	1,226	738,49	6,39	4,06	0,635	5,9
2	1,218	747,69	6,20	4,01	0,647	7,8
2,5	1,210	756,17	6,03	3,97	0,658	9,7
3	1,203	764,06	5,86	3,93	0,670	11,6

Der Austrittsdruck liegt bei beiden Betriebsfällen (sub- und transkritisch) bei 35 bar.

Abbildung B.1 und B.2 zeigen die Verläufe der Isothermen im Flüssigkeits- und Zweiphasengebiet von CO_2 und der derzeit häufig in Gewerbekälteanlagen verwendeten Kältemitteln. In den Darstellung ist der für den Betrieb der hier vorgestellten Anlagen interessante Temperaturbereich von (ca. 10 °C (283 K) bis 40 °C (313 K) zu erkennen. Der Vergleich der Steigung der Isothermen zeigt, dass sich die Isothermen von CO_2 aufgrund der Nähe zum kritischen Punkt, im Flüssigkeitsgebiet nicht senkrecht verlaufen. Hierdurch kann im Prozess mit CO_2 durch ein Erhöhung des Drucks im Verflüssiger eine Unterkühlung erreicht werden.

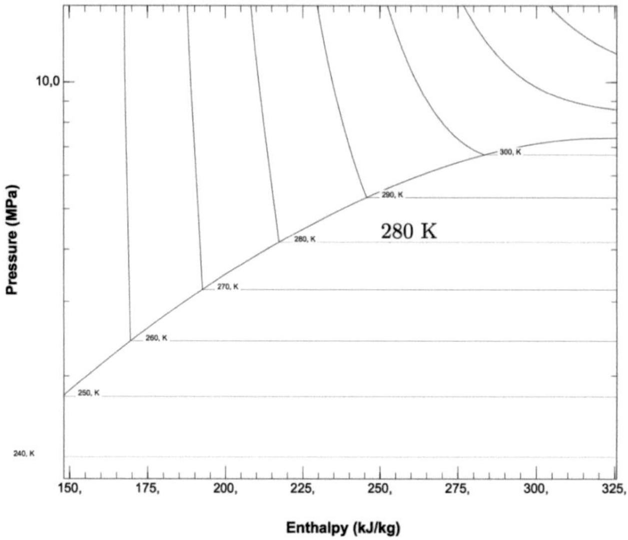

(a) CO_2

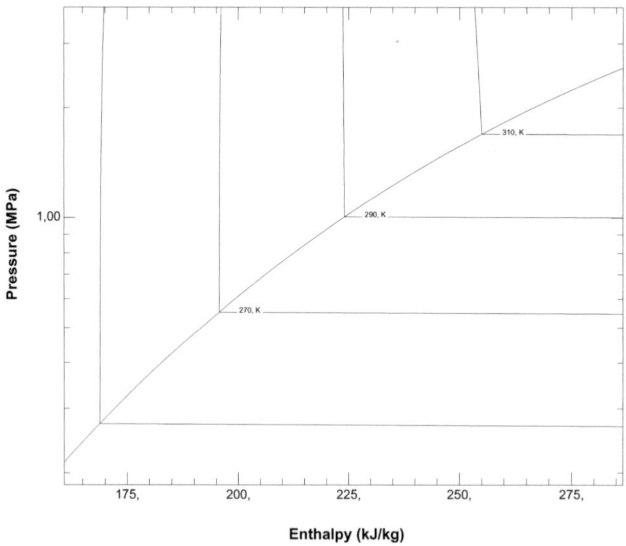

(b) R404A

Abbildung B.1: Ausschnitt aus den (log) p,h-Diagrammen von CO_2 und R404A (Lemmon u. a. (2007))

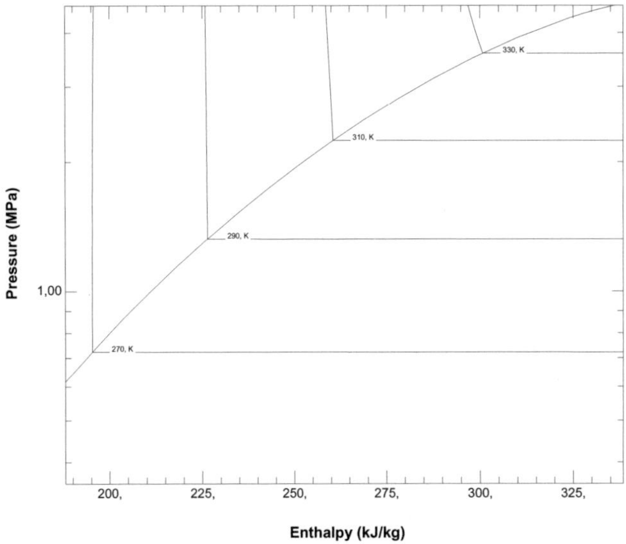

(a) R410A

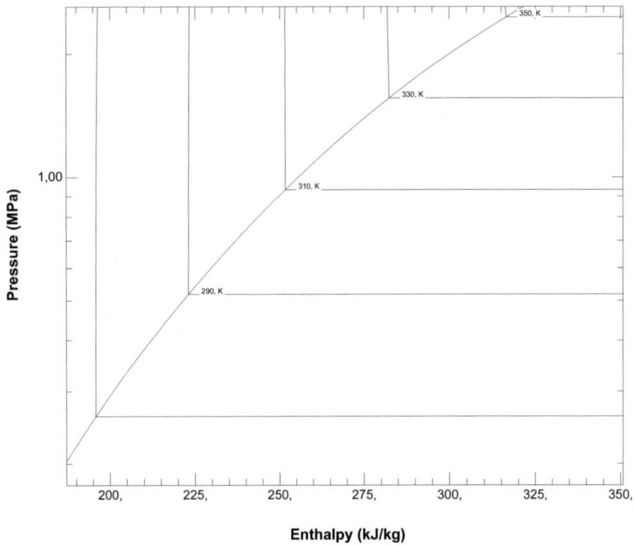

(b) R134a

Abbildung B.2: Ausschnitt aus den (log) p,h-Diagrammen von R410A und R134a (Lemmon u. a. (2007))

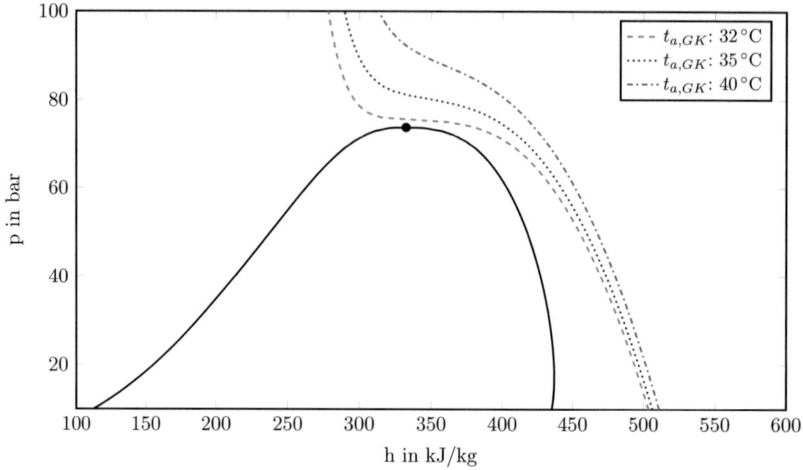

Abbildung B.3: Verlauf der zur Bestimmung des optimalen Hochdrucks im Betrieb mit ECU verwendeten Isothermen

C Erläuterungen zu den Experimenten

In den folgenden Tabellen[1] sind die im Kapitel 6 verwendeten Mittelwerte der Bilanzzeiträume und die zur weiteren Auswertung verwendeten Werte aufgeführt.

Tabelle C.1: Messreihe F-1

Wert	Einheit	Prozess	
		ECU	EXV*
p_{HD}	bar	78,1	78,1
p_{MD}	bar	38,2	35
p_{ZK}	bar	73,2	—
$t_{0,NK}$	°C	-12,9	-12,9
$t_{\text{e,V-NK}}$	°C	-4,1	1,6
$t_{a,C2}$	°C	107,1*	115,6
$t_{a,C1}$	°C	100,8 *	115,6
$t_{a,ZK}$	°C	32,4	—
$t_{\text{a,C-ECU}}$	°C	36,6*	—
$t_{e,\text{E1/EXV}}$	°C	29,1	29,2
$t_{\text{a,IWÜ}}$	°C	-2,4*	-3,4
$\dot{m}_{ges}$	kg/s	0,2*	0,20
$\dot{m}_{\text{C-ECU}}$	kg/s	0,2*	—
$\sum P_{NK}$	kW	15,7*	17,6
$\dot{Q}_{0,NK}$	kW	34,7*	34,7
ε_{KM}	1	2,22*	1,97

[1] Berechnete Werte bzw. Annahmen sind mit '*' gekennzeichnet. Mit '—' gekennzeichnete Werte konnten in der betreffenden Messreihe nicht experimentell bestimmt werden.

Tabelle C.2: Messreihe F-2

Wert	Einheit	Prozess	
		ECU	EXV*
p_{HD}	bar	72,7	72,7
p_{MD}	bar	36,5	35
p_{ZK}	bar	68,2	—
$t_{0,NK}$	°C	-8,6	-8,6
$t_{\mathrm{e,V\text{-}NK}}$	°C	-1,7	3,9
$t_{a,C2}$	°C	95*	98,11
$t_{a,C1}$	°C	89,8 *	98,11
$t_{a,ZK}$	°C	32,4	—
$t_{\mathrm{a,C\text{-}ECU}}$	°C	36,6*	—
$t_{e,\mathrm{E1/EXV}}$	°C	29,0	29,0
$t_{a,\mathrm{IWÜ}}$	°C	-4,6*	-2.3
$\dot{m}_{ges}$	kg/s	0,2*	0,21
$\dot{m}_{\mathrm{C\text{-}ECU}}$	kg/s	0,177*	—
$\sum P_{NK}$	kW	11,7*	14,7
$\dot{Q}_{0,NK}$	kW	32,9*	32,9
$\varepsilon_{\mathrm{KM}}$	1	2.46*	2,24

Tabelle C.3: Messreihe F-3

Wert	Einheit	Prozess	
		ECU	EXV*
p_{HD}	bar	79,5	79,5
p_{MD}	bar	36,8	35
p_{ZK}	bar	74,8	—
$t_{0,NK}$	°C	-12,9	-12,9
$t_{\mathrm{e,V\text{-}NK}}$	°C	-2,9	2,07
$t_{a,C2}$	°C	110,8*	118,2
$t_{a,C1}$	°C	104,8 *	118,2
$t_{a,ZK}$	°C	34,2	—
$t_{\mathrm{a,C\text{-}ECU}}$	°C	38,2*	—
$t_{e,\mathrm{E1/EXV}}$	°C	25,8	25,8
$t_{a,\mathrm{IWÜ}}$	°C	-3,6*	-2,4
$\dot{m}_{ges}$	kg/s	0,38*	0,39
$\dot{m}_{\mathrm{C\text{-}ECU}}$	kg/s	0,37*	—
$\sum P_{NK}$	kW	30*	34,2
$\dot{Q}_{0,NK}$	kW	72,3*	72,3
$\varepsilon_{\mathrm{KM}}$	1	2,35	2,11

Tabelle C.4: Messreihe F-4

Wert	Einheit	Prozess ECU
p_{HD}	bar	75,9
p_{MD}	bar	38,7
p_{ZK}	bar	73,9
$t_{0,NK}$	°C	-14
$t_{\mathrm{e,V\text{-}NK}}$	°C	-0,7
$t_{a,C2}$	°C	113,1*
$t_{a,C1}$	°C	110,5 *
$t_{a,ZK}$	°C	37
$t_{\mathrm{a,C\text{-}ECU}}$	°C	39*
$t_{e,\mathrm{E1/EXV}}$	°C	28,8
$t_{a,\mathrm{IWÜ}}$	°C	-6,7*

Die Messung F-4 wurde nicht dem EXV-Prozess gegenübergestellt da, wie in Abschnitt 6.2.2 beschrieben, Probleme während des Betriebes auftraten.

Tabelle C.5: Messreihe B-1

Wert	Einheit	Prozess ECU
p_{HD}	bar	79,6
p_{MD}	bar	41,6
p_{ZK}	bar	70
$t_{0,NK}$	°C	-6,9
$t_{0,TK}$	°C	-33,6
$t_{\mathrm{e,V\text{-}NK}}$	°C	-6,6
$t_{\mathrm{e,V\text{-}TK}}$	°C	-17,8
$t_{a,C2}$	°C	69,4
$t_{a,C1}$	°C	83,1
$t_{a,ZK}$	°C	37,8
$t_{\mathrm{a,C\text{-}ECU}}$	°C	47,9
$t_{e,\mathrm{E1/EXV}}$	°C	27,7
$t_{a,\mathrm{IWÜ\ (2)}}$	°C	6,9
t_U	°C	25
$\dot{m}_{ges}$	kg/s	0,23
$\dot{m}_{TK}$	kg/s	0,027
$\dot{m}_{\mathrm{C\text{-}ECU}}$	kg/s	0,14
$\sum P_{NK}$	kW	15,9
$\sum P_{TK}$	kW	2,3
$\dot{Q}_{0,TK}$	kW	6,2*
$\dot{Q}_{0,NK}$	kW	33,3*
f_{ECU}	1/s	—

Tabelle C.6: Messreihe B-2: EXV-und ECU-Betrieb

Wert	Einheit	Prozess	
		EXV	ECU
p_{HD}	bar	76,2	77,9
p_{MD}	bar	38,1	39,7
p_{ZK}	bar	76,2	71,4
$t_{0,NK}$	°C	-7,5	-8,7
$t_{0,TK}$	°C	-34,0	-34,2
$t_{\mathrm{e,V\text{-}NK}}$	°C	16,4	10,6
$t_{\mathrm{e,V\text{-}TK}}$	°C	-10,2	-11
$t_{a,C2}$	°C	120,8	109,7
$t_{a,C1}$	°C	120,8	118,6
$t_{a,ZK}$	°C	52,8	35,7
$t_{\mathrm{a,C\text{-}ECU}}$	°C	–	42,3
$t_{e,\mathrm{E1/EXV}}$	°C	29,9	28,3
$t_{a,\mathrm{IWÜ\ (2)}}$	°C	3,4	5,0
t_U	°C	27,2	25,2
$\dot{m}_{ges}$	kg/s	0,25	0,23
$\dot{m}_{TK}$	kg/s	0,025	0,024
$\dot{m}_{\mathrm{C\text{-}ECU}}$	kg/s	–	0,14
$\sum P_{NK}$	kW	20,9	18,5
$\sum P_{TK}$	kW	2,1	2,1
$\dot{Q}_{0,TK}$	kW	6*	5,7*
$\dot{Q}_{0,NK}$	kW	32,8*	33,7*
f_{ECU}	1/s	—	2,4

Die Frequenz der ECU wurde in diesem Versuch nicht bestimmt. In dieser Messung wurde der IWÜ (2) noch nicht integriert. Somit handelt es sich bei $t_{a,\mathrm{IWÜ\ (2)}}$ um die Temperatur der gesättigten Flüssigkeit im Mitteldruckabscheider.

Tabelle C.7: Messreihe B-3: EXV-und ECU-Betrieb

Wert	Einheit	Prozess	
		EXV	ECU
p_{HD}	bar	68,7	68,7
p_{MD}	bar	35,4	34,0
p_{ZK}	bar	68,7	64,9
$t_{0,NK}$	°C	-11,2	-8,4
$t_{0,TK}$	°C	-37,4	-35,2
$t_{\mathrm{e,V\text{-}NK}}$	°C	9,7	9,6
$t_{\mathrm{e,V\text{-}TK}}$	°C	-21,3	-23,5
$t_{a,C2}$	°C	105,7	99,5
$t_{a,C1}$	°C	105,7	107,1
$t_{a,ZK}$	°C	31,1	25,7
$t_{\mathrm{a,C\text{-}ECU}}$	°C	—	29
$t_{e,\mathrm{E1/EXV}}$	°C	22,1	15,2
$t_{a,\mathrm{IWÜ\ (2)}}$	°C	0,5	-0.9
t_U	°C	19,3	19,4
$\dot{m}_{ges}$	kg/s	0,11	0,12
$\dot{m}_{TK}$	kg/s	0,014	0,036
$\dot{m}_{\mathrm{C\text{-}ECU}}$	kg/s	—	—
$\sum P_{NK}$	kW	10,4	12,8
$\sum P_{TK}$	kW	1,1	3,1
$\dot{Q}_{0,TK}$	kW	3,5*	8,8*
$\dot{Q}_{0,NK}$	kW	13,6*	18,3*
f_{ECU}	1/s	—	—

Tabelle C.8: Messreihe B-4: EXV-und ECU-Betrieb

Wert	Einheit	Prozess	
		EXV	ECU
p_{HD}	bar	73,2	71,4
p_{MD}	bar	35,6	35,1
p_{ZK}	bar	73,2	65,9
$t_{0,NK}$	°C	-8,4	-10,7
$t_{0,TK}$	°C	-34,4	-33,8
$t_{\mathrm{e,V\text{-}NK}}$	°C	11,5	9,1
$t_{\mathrm{e,V\text{-}TK}}$	°C	-15,1	-11,8
$t_{a,C2}$	°C	108,5	97,3
$t_{a,C1}$	°C	108,5	110,9
$t_{a,ZK}$	°C	58,8	27,2
$t_{\mathrm{a,C\text{-}ECU}}$	°C	–	32,8
$t_{e,\mathrm{E1/EXV}}$	°C	28,9	20,4
$t_{a,\mathrm{IWÜ\ (2)}}$	°C	-1,7	-9,0
t_U	°C	17,3	18,8
$\dot{m}_{ges}$	kg/s	0,136	0,198
$\dot{m}_{TK}$	kg/s	0,016	0,013
$\dot{m}_{\mathrm{C\text{-}ECU}}$	kg/s	–	0,125
$\sum P_{NK}$	kW	10,5	16,0
$\sum P_{TK}$	kW	1,3	0,9
$\dot{Q}_{0,TK}$	kW	4,1*	3,6*
$\dot{Q}_{0,NK}$	kW	18,6*	31,1*
f_{ECU}	1/s	—	2,0

Tabelle C.9: Messreihe B-5: EXV-und ECU-Betrieb

Wert	Einheit	Prozess	
		EXV	ECU
p_{HD}	bar	75,6	76
p_{MD}	bar	36,0	37,4
p_{ZK}	bar	75,6	76,3
$t_{0,NK}$	°C	-9,8	-11,5
$t_{0,TK}$	°C	-34,5	-35,5
$t_{\mathrm{e,V\text{-}NK}}$	°C	15	6,5
$t_{\mathrm{e,V\text{-}TK}}$	°C	-19	-13,2
$t_{a,C2}$	°C	126,3	108,2
$t_{a,C1}$	°C	126,3	121,3
$t_{a,ZK}$	°C	83,3	30,3
$t_{\mathrm{a,C\text{-}ECU}}$	°C	–	40,7
$t_{e,\mathrm{E1/EXV}}$	°C	29,6	25,4
$t_{a,\mathrm{IWÜ\ (2)}}$	°C	-4,3	-10,1
t_U	°C	25,8	25
$\dot{m}_{ges}$	kg/s	0,247	0,165
$\dot{m}_{TK}$	kg/s	0,032	0,008
$\dot{m}_{\mathrm{C\text{-}ECU}}$	kg/s	–	0,132
$\sum P_{NK}$	kW	23,0	15
$\sum P_{TK}$	kW	2,9	0,7
$\dot{Q}_{0,TK}$	kW	8,3*	2,2*
$\dot{Q}_{0,NK}$	kW	32,5*	32,2*
f_{ECU}	1/s	—	3,3

D Erläuterungen zur Regelung

Einsatzgrenzen der Hauptverdichter

Die Abbildungen D.1 und D.2 zeigen die Einsatzgrenzen der verwendeten Verdichter und die daraus folgende Begrenzung des minimalen Hochdrucks in beiden Betriebsarten.

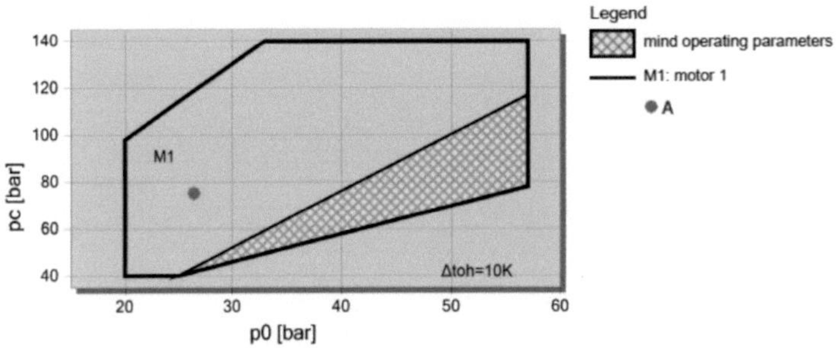

Abbildung D.1: Einsatzgrenzen des Verdichters C1 und C2 der Versuchs- und Demonstrationsanlage vom Typ Bitzer 4JTC 15K (Bitzer (2013)); Punkt A: frei gewählter Betriebspunkt

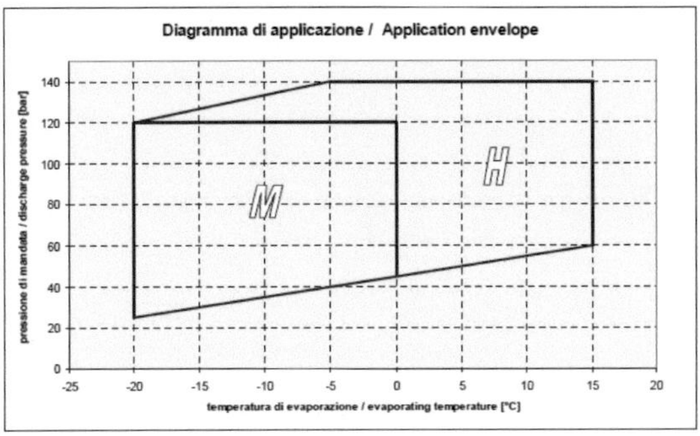

Abbildung D.2: Einsatzgrenzen der Verdichter der Feldtestanlage vom Typ Dorin (nach Herstellerangaben); Buchstaben M und H bezeichnen unterschiedliche Motorvarianten